Anne-Kathrin Gomringer

Unsere ersten Hühner

Ulmer

Inhalt

Alles Wissenswerte über Hühner an sich

6 **Gackerndes Gartenglück**

8 Unbeschwert ins Landleben-Feeling

10 Lieber lässig – entspannende Natur pur

12 Bunte Charakterköpfe mit Charme

Haltungsmöglichkeiten und Ausstattung im Überblick

22 **Startklar für die gefiederten Freunde**

24 Unsere perfekten Zweibeiner

34 Ganz aus dem Häuschen

49 Frisches Grün und sonnige Aussichten

51 Weitere Wellness-Bereiche

Versorgung und alles rund ums Ei

Wichtiges über Gesundheit, Gesetze und Nachwuchs

54 | **Raus aus dem Alltag – rein in die Gummistiefel**

56 | Gesund und lecker in den Schnabel

69 | Ab ins frisch gemachte Kuschelheim

76 | Gesund und (fast) rund

84 | Hallo, Huhn

88 | **Durch dick und dünn – ein Hühnerleben lang**

90 | Auf der sicheren Seite

92 | Geschickt gehandhabt

94 | Allzeit bereit, das Beste zu tun

102 | Blödes Huhn und spinnender Gockel

104 | Guck' mal, was da gackert!

111 | **Register und Service**

Vorwort

Stellen Sie sich vor, Sie sitzen am Frühstücks- tisch und essen ein leckeres, frisches Ei. Durch Ihren Garten schlendern zutrauliche Hühner, die ein glückliches Dasein fristen. Sie fühlen sich zufrieden und ausgeglichen, denn ein kleines Stück kerniger Natur gehört zu Ihrem Leben. Hühner können eine faszinierende Bereicherung sein. Nicht nur, weil sie als Landtiere einen geerdeten Bezug zum Ursprünglichen bieten. Die kleinen Zweibeiner sind sehr pflegeleicht, in ihrer Vielfalt bestechend schön und können durchaus einen engen Bezug zum Menschen aufbauen.

Das haben auch Thomas und seine Familie ganz schnell festgestellt, die ihre gackernden Garten- gefährten auf keinen Fall mehr missen möchten. Die bunte Bande ist ihnen ans Herz gewachsen und bietet so viel pure, natürliche Gelassenheit, dass jeder Tag von schönen Erlebnissen und Leichtigkeit geprägt ist.

Ob Sie einen naturbezogenen Ausgleich zum Alltag suchen, frische Frühstückseier mit eigener Herkunftsgarantie wollen oder farbenfrohes Land- leben-Feeling in Ihren Garten zaubern möchten: Sie werden mit der Anschaffung von Hühnern gold- richtig liegen.

Gackerndes Gartenglück

Es duftet nach frischem Stroh, die Strahlen der aufgehenden Sonne lassen den Tau auf dem saftigen Gras glitzern und leise gluckernd werden Sie von gefiederten Zweibeinern begrüßt, die aus dem Stall in den Garten schlendern: So schön kann ein Morgen mit Hühnern sein.

„Morgens nach dem Füttern bleibe ich meist noch eine viertel Stunde draußen und beobachte einfach die Tiere. Das ist unsagbar beruhigend – dabei kann ich so richtig Energie auftanken."

Unbeschwert ins Landleben-Feeling

Ein artgerechter Stall, Auslauf im Grünen und die richtige Verpflegung:
So einfach schaffen Sie die Grundvoraussetzung für glückliche Hühner.
Dabei müssen Sie sich keine Sorgen um Platz oder Kostenaufwand machen.
Für beinahe jeden Garten und Geldbeutel gibt es eine passende Variante
der Hühnerhaltung.

Auf gute Nachbarschaft

Vielleicht fragen Sie sich, ob Sie in Ihrem eigenen Garten überhaupt Hühner halten dürfen. Prinzipiell ja. Sofern Sie sich an die gesetzlichen Vorschriften (siehe Seite 90ff.) halten, steht der Anschaffung der gefiederten Freunde nichts im Wege. Doch keine Sorge: Die Reglements zur privaten Haltung von Hühnern sind weit einfacher zu erfüllen, als häufig angenommen wird.

Überzeugend direkt

Falls Sie zur Miete wohnen, sollten Sie die Anschaffung der Tiere aber unbedingt von Ihrem Vermieter genehmigen lassen. Nicht jeder Haus- oder Wohnungsbesitzer ist diesbezüglich tolerant. Um Ihre Chancen auf die Erlaubnis zu erhöhen, empfehle ich Ihnen, sich vor dem Gespräch über passende Haltungsformen zu informieren. Möglicherweise ist Ihrem Vermieter gar nicht bewusst, dass es Lösungen gibt, bei denen der Garten weder bebaut noch in Mitleidenschaft gezogen werden muss. Haben Sie einen solchen Vorschlag parat, lassen sich mit etwas Glück auch skeptische Gesprächspartner überzeugen.

Hühner können unser Leben bereichern –
und sind dabei leicht zu handhaben.

In Kleingartenanlagen ist die Kleintierhaltung übrigens grundsätzlich nicht erlaubt, es sei denn, sie ist in der Vereinssatzung oder Nutzungsordnung des Kleingartengebietes festgelegt. Damit Sie Ihr Hühnerglück unbesorgt genießen können, empfiehlt es sich, die neuen Zweibeiner in Ihrer Nachbarschaft anzukündigen. Die Aussicht auf frische Eier von nebenan kann dabei übrigens äußerst zuträglich und beschwichtigend wirken.

Saubere Sache – ruhige Nächte

Abgesehen vom berühmten Hahnenschrei sind Hühner ziemlich entspannte und leise Tiere. Sie „plappern" zwar recht viel untereinander, werden aber nur in Ausnahmesituationen laut, z. B. wenn Gefahr droht und die anderen Tiere durch deutliche Laute gewarnt werden. Über nächtliches Gackern müssen Sie sich übrigens keine Gedanken machen: Hühner sind tagaktive Tiere, deren Wach- und Ruhezustände sich extrem am Lichtwechsel orientieren. Wenn sich Ihre kleinen Zweibeiner abends in den dunklen Stall zurückziehen, können Sie davon ausgehen, dass sie schlafen oder zumindest leise bleiben. Auch die zwangsläufige Geruchsbelästigung ist ein Irrtum. Ein Huhn an sich stinkt nämlich nicht – im Gegenteil. Die gefiederten Tiere sind sehr reinlich und haben nur einen geringen und meist angenehmen Eigengeruch. Die unangenehmen „Düfte" gehen lediglich vom Hühnerkot aus, da dieser viel Ammoniak enthält. Bei einer regelmäßigen Stallreinigung (siehe Seite 69ff.) entstehen folglich kaum störende Gerüche.

> Hühner gehören zu den Kleintieren. Deshalb ist ihre Haltung auch in reinen Wohngebieten zulässig – sofern sich die Ausmaße in Grenzen halten. Maximal zwanzig Hennen und ein Hahn gelten aus rechtlicher Sicht noch als angemessen.

Ganz gelassen Gutes genießen: Hühner mögen's entspannt und ruhig.

Lieber lässig – entspannende Natur pur

Der Tagesablauf eines artgerecht gehaltenen Huhns kann beneidenswert entspannt klingen: Fressen, ein bisschen durchs Gras schlendern, dösen, zwischendurch ein Sandbad nehmen, ein wenig Gefiederpflege …
Und genau diese Gelassenheit wird sich sehr bald auf Sie übertragen.

Familienglück im trauter Runde

Hühner sind „Familientiere", die unbedingt in einer Gruppe gehalten werden sollten. Sie kommunizieren sehr viel untereinander und brauchen auch den körperlichen Kontakt zu ihren vertrauten Artgenossen.
Das kommt nicht nur dem Huhn entgegen. Auch Sie als Halter werden Ihre Freude daran haben, die Tiere bei ihrem Umgang miteinander zu beobachten. Hier kuscheln sich zwei Hennen an einem warmen Sonnenfleck

zusammen, dort picken zwei andere an einem Salatblatt und mitten drin steht der Hahn mit gestrecktem Hals und beschützt seine „Mädels" mit wachsamem Blick. Das ist entspannende Natur pur.
Gerade weil Hühner sehr ursprüngliche Landtiere und damit weit weniger von unserer Stimmung abhängig sind als beispielsweise Hund oder Katze, können sie diese geerdete Gelassenheit vermitteln.

Ein gepflegter Stall stinkt nicht – im Gegenteil. Frisches Stroh und saubere Tiere riechen sehr angenehm.

Klare Strukturen für geselliges Miteinander

Obwohl Hühner sich meist sehr ruhig und entspannt verhalten, sind gelegentliche Rangeleien unvermeidbar. Diese Auseinandersetzungen finden meist zwischen gleichgeschlechtlichen Tieren statt. Je klarer die Hierarchie und je besser die Gruppe zusammengesetzt ist, desto weniger Kämpfe werden stattfinden. Die „Idealvoraussetzungen" für ein friedliches Zusammenleben variieren je nach Rasse, Haltungs- wie Fütterungsbedingungen und nicht zuletzt Charakter der Tiere. Durch die richtige Wahl der Hühner (siehe Seite 24ff.), die Schaffung guter Lebensbedingungen für die Gruppe und den verantwortungsvollen Umgang mit den Tieren können Sie viel dazu beitragen, dass Ihre Gartengefährten entspannt bleiben.

Hühner sind „Familientiere". Deshalb sollten Sie niemals ein einzelnes Huhn halten.

Ganz schön imposant. Mit Pepper legt sich so schnell keiner an, der ist ganz klar der Ranghöchste.

Bunte Charakterköpfe mit Charme

Die Vielfalt der Hühnerrassen ist extrem groß und bietet für jeden Hühnerfan garantiert die passenden Gartengesellen. Ob braune Legehenne wie damals bei den Großeltern auf dem Bauernhof, kunterbunter Hingucker oder kleiner Rabauke: Der Facettenreichtum der Züchtungen ist riesig.

Geschichtsträchtige Gesellen

Hühner begleiten den Menschen schon seit sehr langer Zeit. Vor über 4500 Jahren begannen Haltung und Zucht der gefiederten Gesellen. Dass der Mensch dabei nicht nur auf deren Nutzen bedacht war, sondern schon lange ein Faible für die Ästhetik dieser Tiere hat, sieht man an der großen Zahl unterschiedlicher Rassen.

Unsere heutigen Hühner stammen von den Unterarten des Bankivahuhns (*Gallus gallus*), auch Rotes Kammhuhn genannt, ab. Die wild lebenden Ahnen unserer Haushühner kommen in Südostasien vor. Auf dieses Gebiet gehen auch die ersten Dokumentationen zur Haltung der Tiere zurück.

Bankivahühner leben in freier Wildbahn vorwiegend im undurchdringlichen Gestrüpp und Unterholz des Dschungels. Zu ihrer Nahrungsgrundlage gehören Insekten, Samen, Beeren und junge Grünpflanzenteile. Bankivahühner bilden Familienverbände, in denen die Hierarchie klar strukturiert ist und die meist von einem Hahn angeführt werden, der seinen „Harem" beschützt. Während der Fortpflanzungszeit bilden sich in der Regel Gruppen von fünf bis sechs Hennen und einem Hahn. Außerhalb dieser Zeit leben die Wildhühner in Verbänden von bis zu fünfzig Tieren.

Ein augenscheinlicher Unterschied zu den domestizierten Arten liegt darin, dass die männlichen Tiere der Bankivahühner im Sommer ein sogenanntes Ruhekleid anlegen, bei dem die signifikanten Zeichnungen an Hals und Sattel fehlen. Dieses Übergangsgefieder wurde im Laufe der Nutztierhaltung weggezüchtet.

Es gibt drei Zuchtzwecke, die sich aus der Domestikation entwickelt haben: Legeleistung, Fleischleistung und Zierde. Allerdings schließen sich diese Kriterien, je nach Rasse, nicht zwangsläufig gegenseitig aus.

Hühner haben also seit langer Zeit einen Platz in der Menschheitsgeschichte. Auch unter kulturellen Aspekten sind die gefiederten Zweibeiner geschichtsträchtig.

*Besonders zutrauliche Rassen können
wunderbare Gartengefährten für Kinder sein.*

Clevere Kleintiere mit Sinn für Sound

Manch einer mag glauben, dass Hühner aufgrund ihres relativ kleinen Kopfes „nicht viel in der Birne" haben könnten. Doch das ist ein Trugschluss. Genau wie die Annahme, die gefiederten Tierchen würden schlecht hören, weil sie keine Ohrmuscheln haben. Hühner sind nämlich ganz und gar nicht stupide – und verfügen außerdem über eine beeindruckende Bandbreite an Fähigkeiten.

Blödes Huhn? Au contraire!

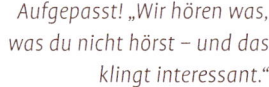

Hühner kommunizieren über rund 30 Laute und begreifen, dass ein versteckter Gegenstand immer noch existiert – das geht über die Fähigkeiten eines Kleinkindes hinaus!

Mensch, hör' mal!

Das würde ein Huhn wohl sagen, wenn wir uns mit ihm unterhalten könnten. Die kleinen Zweibeiner sind uns in Sachen Hörsinn nämlich überlegen. Um genau zu sein: Ein Huhn hört in etwa so gut wie ein Hund.

Besonders deutlich wird dieses enorme Hörvermögen beim „Gespräch" zwischen Hennen und ihren Küken. Die Glucke erkennt jedes einzelne ihrer Kleinen an seiner Stimme – und umgekehrt. Auch die erwachsenen Tiere können selbst leiseste Laute ganz genau dem entsprechenden Huhn im Familienverband zuordnen.

Da schau her, ein Leckerbissen

Durch die äußere Anordnung ihrer Augen haben Hühner ein weit größeres Gesichtsfeld als wir Menschen. Das ist bei allen Fluchttieren ähnlich, da sie auf diese Weise ihre Umgebung genau im Auge behalten können. Allerdings ist das dimensionale Sehen dadurch eingeschränkter, weshalb Hühner zur genauen Fixierung den Kopf ständig wenden müssen. Die schnelle, typische Kopfbewegung der Tiere ist also kein Zeichen für Nervosität, sondern dient der genauen Ortung von Dingen in ihrer Umgebung.

Alles in ihrer Nähe sehen Hühner übrigens sehr scharf. Dafür lässt ihr Sehvermögen ab einem Abstand von rund fünfzig Metern deutlich nach. Auf sehr kurze Distanz können sie bewegliche Objekte wie Insekten aber äußerst präzise fixieren und zielsicher danach picken. Diese Fähigkeit ist den gefiederten Zweibeinern angeboren. Nur in den ersten Lebenstagen ist die Zielsicherheit in Sachen Picken noch nicht ganz so präzise wie beim erwachsenen Tier.

Aufgepasst! „Wir hören was, was du nicht hörst – und das klingt interessant."

„Wenn ich die rufe, kommen die ganz schnell an, weil sie leckeres Futter wollen. Die sehen dann auch, ob ich welches hab' oder nicht. Wenn nicht, gucken sie mich irritiert an und machen beleidigt kehrt."

– Joanna –

Mini – absoluter Schmuseschnabel.

Flocke – eingebildete „Pute".

Formfanatiker und Geruchsbanausen

Der Geschmacks- und der Geruchssinn von Hühnern spielt eine sehr untergeordnete Rolle. Zwar erkennen sich die Tiere gegenseitig am Familiengeruch, allerdings sind die Düfte von Futter und Umgebung eher unwichtig. Auch der Geschmack ist für die Futteraufnahme weniger relevant als die Beschaffenheit der Futtermittel. Form und Größe sind hier entscheidend. Letztere werden einerseits optisch bewertet, andererseits wird ihre Beschaffenheit durch zahlreiche Tastkörperchen im Schnabel- und Rachenbereich eingeschätzt.

Von Macker bis Mäuschen

Neben der großen Vielzahl an Rassen mit bestimmten Eigenschaften bieten auch die einzelnen Tiere eine Menge Unterhaltungswert. Ob groß, klein, Rasse oder Zufallsprodukt: Jedes Huhn hat seinen ganz eigenen Kopf. Vom freundlichen, neugierigen Gesellen über schüchterne Wesen bis hin zum desinteressierten „Snob" kann alles vertreten sein.

Pepper – Big Boss.

Lucy und Lilly – stets bestechliche Leckermäulchen.

„Unsere Hühner sind alle grundverschieden, ehrlich. Da hat jedes seinen ganz eigenen Kopf. Manche sind total anschmiegsam, andere frech und sogar echt lustig."

Bei Wind und Wetter

Jeder Halter übernimmt mit der Anschaffung von Tieren die Verantwortung für ihr Wohlergehen. Wer sich für Hühner interessiert, sollte sich über einige Dinge bewusst sein, bevor er die kleinen Zweibeiner in seinen Garten holt. Hühner sind zwar sehr pflegeleicht, müssen aber dennoch täglich versorgt werden – bei jedem Wetter.

Wenn Sie Regen, Wind, Schnee und matschbefleckte Gummistiefel nicht davon abhalten ins Freie zu gehen, sind Sie der perfekte Betreuer für Ihre kleinen Landtiere. Bedenken Sie aber bitte, dass dies sehr häufig der Fall sein wird, denn mit der Anschaffung von Hühnern werden Sie zum „Mini-Landwirt", der jeden Tag seiner Verantwortung nachgehen muss. Wenn Sie das nicht zögern lässt, freuen Sie sich auf eine Zeit voller Naturverbundenheit und kerniger, erfrischender Bereicherung – kalte Fingerspitzen und rote Nase gibt's inklusive.

Auch über die Urlaubsvertretung sollten Sie sich vorab im Klaren sein. Denn Hühner-Sitter gibt's nicht im Telefonbuch zu finden und auch die vorübergehende Einquartierung in „Urlaubsresidenzen" für Tiere wird schwierig sein. Es sei denn, Sie kennen einen anderen Hühnerhalter oder Züchter, der die Möglichkeit hat, Ihre Tiere für diese Zeit zu beherbergen. Im Idealfall haben Sie Freunde, Verwandte oder eine Vertrauensperson vor Ort, die sich während Ihrer Abwesenheit zuverlässig um Ihre kleinen Zweibeiner kümmert. Dann können diese in der gewohnten Umgebung bleiben und Sie können ganz entspannt aus dem Urlaub zurückkehren.

Hühner bedeuten: Verantwortung, frische Luft und Respekt vor natürlichen Produkten. Das ist besonders für Kinder ideal.

„Klar muss man auch raus, wenn's mal ekelhaft kalt und
nass ist. Aber wenn man sieht, wie kuschlig die Tiere es haben,
und dann mit frischen, warmen Eiern zurück ins Haus geht,
ist das schon ein tolles Gefühl."

*Raus geht's täglich, dem schlechten Wetter
zum Trotz, mit entsprechendem Schuhwerk.*

Kinder-kompatible Gartenfreunde

Hühner, insbesondere Zwerghühner, sind auch als „Haustiere" für Kinder durchaus geeignet. Zwar lassen sich die kleinen Zweibeiner nicht mit einem anhänglichen Hund oder einer kuschligen Katze vergleichen, sie können jedoch genauso zutraulich wie Kaninchen oder ähnliche kleinere Heimtiere sein.

Der „Streichel"-Faktor mag nicht ganz so ausgeprägt sein wie bei Felltieren, dafür bestechen die kleinen Flattermänner durch andere Facetten: Ein zutrauliches Hühnchen frisst aus der Hand und kann von selbst auf den Schoß kommen. Manche lassen sich sogar gerne auf der Schulter „herumtragen".

Hinzukommt, dass sich Ihre Kinder durch die Beschäftigung mit den Tieren zwangsläufig an der frischen Luft aufhalten. Auch der Bezug zur Natur wird gefördert, was für viele Kinder (und Erwachsene) sehr ausgleichend und stressmindernd wirkt. Durch die tägliche Versorgungspflicht und den vorsichtigen Umgang mit den Tieren werden außerdem Verantwortungsbewusstsein und Respekt vor Lebewesen gefördert.

Nicht zu vergessen, dass Sie zwei Fliegen mit einer Klappe schlagen: Ihre Kinder haben tolle Gartentiere, die zudem auch noch frische Eier mit Herkunftsgarantie legen.

„Andere Kinder haben Hamster oder Kaninchen. Die legen aber keine Eier und können einem nicht auf den Arm flattern."

Das tut gut. Hühner, die solche Streicheleinheiten genießen, sind keine Seltenheit.

Starthlar für die gefiederten Freunde

Der Entschluss ist gefasst, die Vorfreude groß? Die Möglichkeiten auch. Ganz egal, ob Sie nur frische Frühstückseier, wunderbar schöne Tiere, Gartengefährten für Ihre Kinder oder gar alle drei haben möchten: Sie werden sicherlich fündig werden.

Unsere perfekten Zweibeiner

Die meisten Menschen bräuchten wohl Monate, um sich einen Überblick über die riesige Auswahl unterschiedlichster Rassen zu verschaffen. Bevor Sie also beginnen Tieratlanten zu wälzen, lehnen Sie sich lieber entspannt zurück. Überlegen Sie zunächst, was Sie sich von Ihren Hühnern wünschen. Damit haben Sie eine gute Grundlage für alle weiteren Entscheidungen.

Passt nicht gibt's nicht

Wie im ersten Kapitel erwähnt, gibt es drei züchterische Schwerpunkte: Legeleistung, Fleischleistung und die Zucht auf Optik. Hieran können Sie sich grob orientieren, je nachdem, was Sie sich von Ihren Hühnern versprechen. Möchten Sie möglichst viele Eier? Sollen die Tierchen hauptsächlich Ihren Garten schmücken? Wünschen Sie sich kinder-kompatible Zweibeiner? Auch wenn mehrere dieser Punkte für Sie infrage kommen, werden Sie fündig werden, denn die züchterischen Schwerpunkte schließen sich nicht zwangsläufig gegenseitig aus. Für jeden Hühnerfan gibt es den passenden „Deckel" auf seinen „Wünschetopf".

Kleines Huhn ganz groß in Mode

Zwerghühner erfreuen sich stetig steigender Beliebtheit. Doch auch sie haben eine lange Geschichte. Bereits vor über 2000 Jahren wurde in römischen und griechischen Schriften über sie berichtet. In China hatten die Miniatur-Hühner sogar eine außerordentlich privilegierte Stellung: Sie durften nur in den kaiserlichen Gärten gehalten werden.
Vor gut hundert Jahren begann in Mitteleuropa der Trend, „normale" Hühner züchterisch zu verzwergen. Deshalb gibt es neben echten Zwerghühnern von vielen Rassen die große und kleine Ausgabe.

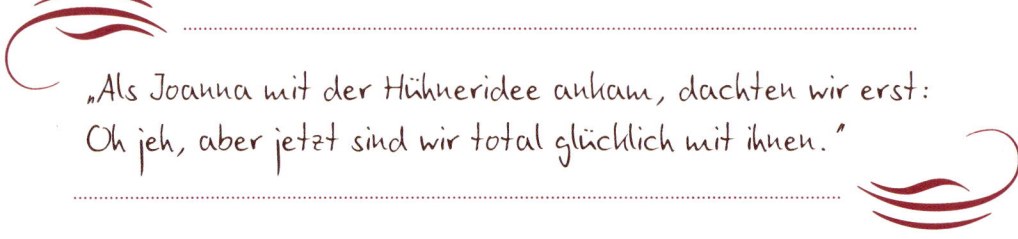

„Als Joanna mit der Hühneridee ankam, dachten wir erst: Oh jeh, aber jetzt sind wir total glücklich mit ihnen."

Für jeden Hühnerfan gibt es das passende
Tierpendant. Die Auswahl der Rassen ist so groß,
dass hier fast jeder Wunsch berücksichtigt
werden kann.

Klein aber klasse. Zwerghühner sind nicht nur niedlich, sondern stehen den großen Rassen auch in nichts nach.

„Wir lieben unsere ‚Minis'. Die sind in jungem Alter winzig, aber so vollkommen! Das ist wirklich faszinierend."

Zwerghühner bringen häufig Vorteile mit sich – und das nicht nur in Bezug auf den etwas geringeren Platzbedarf. Da Zwerghühner vornehmlich aufgrund ihres Aussehens gehalten und gezüchtet werden, gibt es eine große Zahl kompetenter Ansprechpartner, die sich liebevoll um die Aufzucht und Versorgung ihrer Tiere kümmern. Aus solch guten Handen erhalten Sie Hühner, die bereits auf den Menschen sozialisiert sind. Zudem kann Ihnen der Fachmann sehr viel Wissenswertes über die Rasse sowie für ein glückliches Dasein der gefiederten Freunde mit auf den Weg geben. Ein weiterer Bonuspunkt in Bezug auf die Größe der Tiere ist das leichtere Handling, vor allem für Kinder.

Schlichtweg leistungsstark

Falls die Legeleistung für Sie Priorität hat und die anderen Punkte nebensächlich sind, werden Sie sehr schnell fündig werden. Da es bei der Zucht auf Legeleistung nicht auf die optische Ausgefallenheit ankommt, sind die meisten Legehennen braun oder weiß. Etwas seltener vertreten sind schwarze Legerassen.

Hübsch können die Tiere trotzdem sein. Insbesondere in eine Kulisse, die sich am Stil der Bauerngärten orientiert, zaubern die Tiere ländliche Idylle. Das Gefühl, gerade Urlaub auf dem Land zu verbringen, wo die Welt stimmig ist und die Uhren langsamer laufen, rückt damit ganz nahe.

Von Legehennen können Sie bei entsprechender Fütterung fast täglich ein Ei pro Huhn erwarten, wobei die Legeleistung mit dem Alter der Tiere nachlässt. Auf landwirtschaftlichen Betrieben werden Legehennen eingestallt, kurz bevor sie mit dem Eierlegen beginnen. In der Regel werden sie bis zur Vollendung ihres zweiten Lebensjahres gehalten, bevor neu aufgestallt wird.

Das bedeutet aber nicht, dass Sie Ihre Zweibeiner auch nach zwei Jahren „loswerden" müssen. Für den Landwirt rentiert sich die Haltung aus finanziellen Gründen schlichtweg nur so lange, wie die Legeleistung entsprechend hoch bleibt. Für die private Haltung von Legehennen ist dies eher nebensächlich. Wenn Sie jedoch garantiert eine bestimmte Menge an Eiern haben wollen, empfehle ich Ihnen die getrennte Haltung von zwei oder drei kleinen Gruppen unterschiedlichen Alters. Damit rücken immer wieder junge Legehennen nach, wenn die älteren Tiere weniger Eier liefern. Bevor Sie sich Hühner zur Deckung des Eigenbedarfs an frischen Eiern zulegen, sollten Sie sich überlegen, wie viele Eier Sie täglich im Schnitt verbrauchen. Daran können Sie dann die entsprechende Zahl der Tiere orientieren. Um frische Eier aus dem eigenen Hühnerstall zu haben, müssen Sie aber nicht zwangsläufig Legehennen halten. Jedes Huhn legt Eier – auf seine Art. Insbesondere die kleinen Produkte von Zwerghühnern sind hübsch anzusehen und sicherlich zu Ostern der Renner in der Nachbarschaft. Wie groß die Legeleistung ist, hängt allerdings von Rasse, Alter, Fütterung und den Lichtverhältnissen ab.

Hübsches Hühnchen, holder Hahn

Zwar ist es zuträglich, wenn Sie sich über entsprechende Bücher im Vorfeld verschiedene Rassen ansehen, allerdings sollten Sie sich nicht auf diese Weise für Ihre zukünftigen Gartenbewohner entscheiden. Eine tendenzielle Orientierung ist hier die beste Grundlage, um auf erfahrene Halter zuzugehen, aber bleiben Sie flexibel. Nicht nur, weil eine für Sie interessante Rasse möglicherweise schwer zu beziehen ist. Es ist auch nicht jede Rasse für Anfänger geeignet oder pflegeleicht. Zudem spielt neben der Optik auch das Verhalten der Tiere eine äußerst wichtige Rolle. Die Bandbreite an Hühnerrassen ist riesig. Wenn Sie sich optisch ausgefallene Gartentiere wünschen, kontaktieren Sie am besten einen Züchter oder Zuchtverein in Ihrer Region. Auch der Besuch von entsprechenden Ausstellungen ist auf jeden Fall ein guter Ansatz. Nicht nur, um sich einen Überblick zu verschaffen, sondern auch um mit erfahrenen Haltern ins Gespräch zu kommen.

Der Kontakt zu einem Züchter aus Ihrer Region ist folglich optimal. So erhalten Sie konkrete Informationen zu entsprechenden Rassen und Haltungsbedingungen aus erster Hand und haben einen erfahrenen Ansprechpartner in Ihrer Nähe. Zudem kann Ihnen der Profi eventuell pflegeleichtere bzw. passende Rassen empfehlen, die den von Ihnen bevorzugten Tieren optisch ähnlich sind.

Um Tiere von einem Züchter zu beziehen, müssen Sie übrigens keineswegs einem entsprechenden Geflügelzüchterverein beitreten. Natürlich würden es viele Züchter wahrscheinlich gerne sehen, wenn sie Sie als Neuling begrüßen dürften. Aber diese Entscheidung liegt ganz allein bei Ihnen.

Überlegen Sie sich, welche Kriterien Ihnen, abgesehen von der Optik der Tiere, zusätzlich wichtig sind. Es gibt beispielsweise Rassen, die sich aufgrund ihres ruhigen Verhaltens besonders gut für Kinder eignen. Auch Legeleistung, Flugfähigkeit und Sensibilität, besonders gegenüber Kälte, variiert stark.

Broiler à la maison

Da vermutlich die wenigsten Leser Hühner zur eigenen Fleischproduktion halten wollen und diese zudem spezielle Voraussetzungen erfordert, wird an dieser Stelle hierauf nicht weiter eingegangen. Falls Sie dennoch Interesse daran haben, finden Sie im Anhang dieses Buches entsprechende Literaturquellen.

Falls Sie Interesse an Legehennen haben: Landwirte beziehen regelmäßig Jungtiere in großer Zahl. Oft geben sie ein paar davon gerne ab.

Kunterbunt und richtig gut drauf.
So gelassen geht es in einer gut
gewählten Hühnergruppe zu.

„Wir haben unsere Hühner vom Züchter bezogen. Das ist ideal,
weil wir jederzeit einen Fachmann zurate ziehen können."

Der Hahnensporn ist eine sehr effektive Waffe, die ernsthafte Verletzungen beim Gegner verursachen kann.

Das Hühnchen rechts im Bild entspricht ganz und gar nicht den Rassestandards, sieht aber viel interessanter aus als seine Modell-Artgenossen.

Gut abgestimmt und bunt gemischt

Die Zahl der Hühner sowie die Zusammensetzung der Gruppe sind wichtige Kriterien, die einerseits von Ihren Wünschen, andererseits vom Platz abhängen, den Sie zur Verfügung haben. Je nach Rasse setzt sich die ideale Gruppe unterschiedlich zusammen. Grob kann veranschlagt werden: Je größer die Hühner, desto geringer wird die Zahl der Hennen, die auf einen Hahn kommen sollten.

Mit Macho oder Mädelsrunde?

Eine wichtige Überlegung ist sicherlich, ob Sie einen Hahn halten wollen oder nicht. In der Natur nimmt der Hahn als Beschützer und Bewacher seines Stamms eine wichtige soziale

Funktion ein. Es ist aber durchaus möglich, eine reine Hennengruppe zu halten. Auch in Bezug auf die Optik bestechen Hähne, da in der Regel die männlichen Tiere das buntere und faszinierendere Gefieder besitzen. Die Frage, ob Sie Küken haben möchten oder nicht, ist an dieser Stelle übrigens nicht relevant. Werden die Eier nach dem Legen aus dem Stall entfernt, kann auch keine Bebrütung eventuell befruchteter Eier stattfinden. Somit können Sie ungewollten Nachwuchs vermeiden, auch wenn ein Hahn zur Gruppe gehört. Abgesehen davon, dass bei der Haltung eines Hahns nicht zwangsläufig jedes Ei befruchtet ist, können auch solche Eier problemlos verzehrt werden, wenn sie rechtzeitig aus dem Stall entfernt werden. Zwar enthalten befruch-

Ladys first: Bei einem so aufmerksamen Bodyguard können sich die Mädels völlig entspannt der Futtersuche widmen.

tete Eier die Anlage zu einem Embryo, allerdings entwickelt sich dieser erst, wenn eine Bebrütung stattfindet. Diese winzige Anlage ist mit bloßem Auge selten erkennbar. Falls sich in einem befruchteten Ei ein kleiner Fleck, ähnlich einem winzigen Blutschwämmchen, gebildet hat, kann dieser nach dem Kochen leicht entfernt werden. Kleine Blutfleckchen tauchen übrigens auch in unbefruchteten Eiern dann und wann auf.

Viel wichtiger in Bezug auf die Entscheidung für oder gegen die Haltung eines Hahns ist sein Verhalten, insbesondere seine typischen Lautäußerungen. Ein Hahn kräht eben – und zwar nicht nur morgens. Das ist nicht zu vermeiden, kann allerdings in gewissem Rahmen kontrolliert werden. Da Hühner tagaktive

Züchter geben Tiere, die die rassespezifischen Kriterien nicht erfüllen, oft günstig ab. Wenn Sie selbst nicht züchterisch tätig werden wollen, fragen Sie gezielt nach solchen Jungtieren. Davon profitieren alle: Sie, die Hühner und der Züchter.

Tiere sind, wird sich Ihr Hahn mit seinem Schrei zurückhalten, solange er sich im Dunkeln befindet. Durch einen entsprechenden Stall können Sie also diesbezüglich intervenieren. Auch schallisolierte Wände können helfen. Prinzipiell gilt: Vor acht Uhr morgens und nach sieben Uhr abends gilt der Hahnenschrei als Lärmbelästigung. Haben Sie heikle Nachbarn, sollten Sie das unbedingt berücksichtigen und einkalkulieren. Ganz penible Anwohner könnten sogar auf die Mittagsruhe am Wochenende pochen. Falls Sie in solcher Nachbarschaft leben und keine Möglichkeit haben, Ihren Hahn regelmäßig zu entsprechenden Zeiten in den passenden Stall zu bringen, fahren Sie am sichersten, wenn Sie auf den männlichen Stamm-Chef verzichten. Je nach Charakter und Bezug zum Menschen, zeigen Hähne außerdem unterschiedliches Territorialverhalten. Es gibt sehr ruhige Gesellen, die sogar verschmust sein können, aber ebenso vehemente Verteidiger ihres „Harems" und Territoriums. Dabei ist der Hahnensporn eine nicht zu unterschätzende Waffe, die ernsthafte Verletzungen verursachen kann. Dieses Risiko sollten Sie vor allen Dingen dann gut abwägen, wenn Sie kleinere Kinder haben. Dass sich Hähne untereinander nicht vertragen und zwangsläufig in die „Federn" kriegen, ist übrigens ein Trugschluss. Es gibt durchaus Hühnergruppen, in denen mehrere Hähne friedlich zusammenleben. Das ist meist dann der Fall, wenn die Hierarchie klar geregelt ist und genügend Hennen „zur Verfügung" stehen. Das Verhältnis von männlichen zu weiblichen Tieren sollte hierbei auf jeden Fall der Rasse entsprechend ausgewogen sein. Ansonsten können die Hennen sehr in Bedrängnis geraten, durch manche Hähne, denen zu wenige weibliche Tiere gegenüberstehen.

Solange die Rangordnung klar ist und genügend Hennen vorhanden sind, können sich auch männliche Tiere gut vertragen.

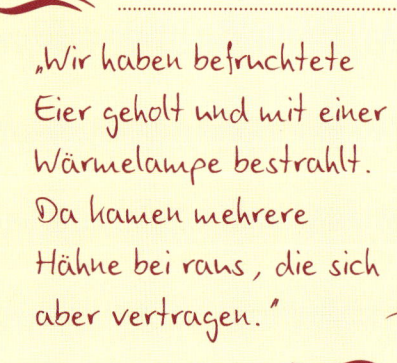

„Wir haben befruchtete Eier geholt und mit einer Wärmelampe bestrahlt. Da kamen mehrere Hähne bei raus, die sich aber vertragen."

Bei genügend Platz im Freien und getrennten Ställen können sogar kleinere und größere Tiere gemeinsam gehalten werden.

Gleich und gleich gesellt sich gern

Sie müssen sich übrigens nicht unbedingt auf eine Rasse beschränken. Es ist durchaus möglich verschiedene Rassen gemeinsam zu halten. Allerdings sollten Sie darauf achten, dass die Tiere sich in Größe und Verhalten gut ergänzen. Die gemeinsame Haltung von sehr unterschiedlichen Rassen, etwa von Zwerghühnern und größeren Tieren, kann möglich sein, wenn den Tieren genügend Rückzugsmöglichkeiten zur Verfügung stehen. Getrennte Ställe und eine separate Fütterung sorgen für Harmonie und beugen Konkurrenzkämpfen vor.

„Unsere Hühner sind alle lieb und handzahm – bis auf Pepper. Der ist der Macho schlechthin. Der hat mich sogar schon angegriffen, der Blödmann."

– Joanna –

Ganz aus dem Häuschen

Ob Sie einen Stall kaufen, eine Gartenlaube umgestalten oder lieber selbst Hand anlegen und den Hühnerwohnraum Marke Eigenbau errichten möchten, bleibt Ihnen überlassen. Damit sich Ihre kleinen Gartengefährten so richtig wohlfühlen, sollten sie sich auf jeden Fall tagsüber im Freien aufhalten können.

Es gibt Rassen, die spezielle Ställe benötigen. Hierzu zählen beispielsweise Tiere mit besonders langen Schwanzfedern, kaum flugfähige oder sehr sensible Rassen.

Wer selbst Hand anlegt, kann sich beim Stallbau kreativ austoben. Ein integriertes Futterreservoir ist eine klasse Idee.

Ein Hühnerzuhause kann auf unzählige und sehr anschauliche Weisen gestaltet werden.

Hühner fühlen sich in heimeliger Umgebung wohler als in sterilen Räumen.

Ein für Sie leicht zugänglicher und für die Hühner gemütlicher Stall sorgt für glückliche Zweibeiner – große und kleine.

Hühnerglück in den trauten vier Wänden

Jeder Stall sollte dem natürlichen Verhalten von Hühnern gerecht werden. Wenn Sie dem entgegenkommen, werden sich Ihre Lieblinge am wohlsten fühlen. Deshalb ist es wichtig, zu verstehen, wie ein Huhn „tickt". In freier Wildbahn leben Hühner im dichten Unterholz, das sie vor Regen, Hitze und Feinden schützt. Die Futtersuche und das Brüten finden auf dem Boden statt. Geschlafen wird dagegen auf erhöhtem Geäst.

Von Mini-Maison bis Luxusbaute

Die Größe des Stalls kann nicht pauschal an der Zahl der Hühner festgelegt werden, da die Rasseunterschiede immens sind. Ganz allgemein lässt sich aber sagen: Je größer die Rasse, desto mehr Platz brauchen die Tiere. Allerdings spielt auch das Verhalten eine Rolle. Eher ruhige Tiere kommen mit weniger Raum aus als sehr aktive, flüchtige Rassen. Dass Sie als liebevoller Halter zu wenig Platz für Ihre gefiederten Tiere veranschlagen, ist eher unwahrscheinlich. Die gesetzlichen Grundlagen sehen (leider) sehr wenig Minimal-Platz vor, der für die Hühner gewährleistet sein muss. Um die benötigte Fläche für ein schönes Hühnerdasein kalkulieren zu können, legt man die Zahl der Tiere pro Quadratmeter zugrunde. Bei sehr großen Rassen können bis zu drei Tiere pro Quadratmeter veranschlagt werden, bei leichten Rassen rund fünf und bei Zwerghuhnrassen etwa sechs bis sieben Tiere. Es gibt auch sehr kleine Zwerghuhnrassen, bei

Der ideale Stall bietet den Tieren Unterschlupf, Scharrfläche, Sitzstangen und Legenester.

denen bis zu zehn Tiere auf einem Quadratmeter gehalten werden können.

Selbstverständlich müssen Sie Ihren Hühnerstall nicht maximal besetzen oder so klein konzipieren, dass dieser Höchstbesatz erreicht wird. Ihre kleinen Zweibeiner werden es Ihnen danken, wenn Sie mehr Raum zur Verfügung haben.

Je nachdem, wie viele Tiere welcher Rasse Sie halten möchten und welchen Platz sie zur Verfügung haben, können die Lösungen für den Stall variieren. Wenn Sie tatsächlich nur zwei bis drei Hühner halten möchten, können Sie beispielsweise einen portablen Kleinststall verwenden. Auch große Kaninchenställe aus Holz und entsprechend umgebaut können hier durchaus ihren Zweck erfüllen. Beides gilt natürlich nur unter der Voraussetzung, dass die Tiere tagsüber Freigang haben.

Nach oben hin sind die Möglichkeiten offen. Ob Sie eine Gartenlaube „zweckentfremden", einen schönen Holzstall im nordischen Look bauen oder einen ordentlichen Offenstall mit allem drum und dran errichten, bleibt Ihnen überlassen. Hauptsache, für das Wohlergehen Ihrer Tiere ist alles vorhanden.

Schönes Zuhause in angenehmer Lage

Das sollten nicht nur Ihre Hühner finden, sondern auch Sie und Ihre Nachbarn. Sicherlich haben Sie schon viele tolle Ideen, wo und wie Sie das Zuhause für Ihre gefiederten Zweibeiner errichten möchten. Damit diese Freude nicht von nachbarschaflichem Zwist oder behördlichen Einschränkungen getrübt wird, sollten Sie sich neben Ihren Wünschen auch die grundstücksbezogenen Regelungen und Gesetze vor Augen halten. Dies ist insbesondere bei fest installierten Ställen wichtig, da hier unter Umständen das Baurecht greift. Die ideale Lage für den Komfort Ihrer Hühner hängt dagegen von anderen Umständen ab. Insbesondere die Sonneneinstrahlung ist von großer Bedeutung. Auf keinen Fall sollte der Stall in ständigem Schatten liegen. Insbesondere im Winter werden Ihre kleinen Zweibeiner für jeden wärmenden Sonnenstrahl dankbar sein. Den größten Hühner-Komfort schaffen Sie, wenn die Stallfenster nach Süden und Südosten zeigen. Im Sommer allerdings darf sich der Stall nicht zu sehr erwärmen. Ideal ist eine Lage an einem oder mehreren Laubbäumen, die im Sommer Schatten spenden und im Winter lichtdurchlässig sind. Der Freilauf spielt hier ebenfalls eine Rolle. Ist dieses Gelände sehr großzügig bemessen, wird Ihr Rasen die neuen Bewohner gut verkraften. Bei kleineren Flächen, deren Grün erhalten werden soll, ist ein flexibel setzbarer Auslauf eine gute Lösung. Dann sollten Sie genügend umliegende Fläche einkalkulieren, um das Freiluftareal versetzen zu können, damit sich beanspruchter Boden wieder erholen kann. Auch Ihren eigenen Komfort sollten Sie nicht vergessen, denn Sie werden bei jeder Wetterlage nach Ihren Hühnern sehen müssen. Wer den Weg zwischen Haus und Stall möglichst angenehm plant, wird auch bei Regen, Sturm und winterlichen Temperaturen die Freude an der Versorgung der Hühner aufrechterhalten.

> Wenn Sie einen kleineren Stall errichten, der transportierbar ist, fahren Sie am sichersten und können den Standort nötigenfalls ändern.

Geborgene Schützlinge

Unabhängig davon, für welche Art von Stall Sie sich entscheiden, gibt es ein paar Kriterien, die unbedingt erfüllt werden müssen, damit Ihre Hühner ein behütetes und angenehmes Dasein führen können. Hierzu gehört unter anderem die Sicherheit vor Raubtieren. Hühner sind nämlich eine beliebte Beute für Greifvögel, Füchse, Marder und ähnliche kleine Räuber. Dabei sind die Fähigkeiten sowie das Auftreten dieser Tiere nicht zu unterschätzen. Auch in Wohngebieten und belebten Stadtteilen kommen die flinken Hühnerfeinde vor, gegen die Stall und Freilauf gesichert werden müssen.

Wenn der tägliche Weg zum Stall bequem ist, geht sich alles – im wahrsten Sinne des Wortes – voller Leichtigkeit an.

Flinke Feinde

Wendige Einbrecher

Marder sind nicht nur schnell und gelenkig, sondern auch äußerst erfinderisch darin, sich Zugang zu Ställen zu verschaffen. Eine kleine Öffnung, die nicht ordentlich abgedichtet ist, wird von ihnen schnell entdeckt und genutzt. Dabei können sich die kleinen Raubtiere beeindruckend schlank machen, wenn es darauf ankommt ein Schlupfloch zu nutzen. Mit festen Drahtgittern versehene Lüftungsschlitze und sichere Verriegelungen sind die besten Schutzvorrichtungen gegen die schlauen Schlawiner. Da sie erst in der Dämmerung aktiv sind, ist die Gefahr, dass einer von ihnen sich an Ihren tagsüber freilaufenden Hühnern vergreift, eher gering. Apropos Schlafen: Winterschlaf halten die meisten Marderarten nicht! Die Familie der Marder umfasst übrigens auch Dachse, Wiesel, Otter und Frettchen.

Nicht alles Gute kommt von oben

Greifvögel mögen in Ihrer Gegend vielleicht nur dann und wann als kleine, kreisende Silhouetten am Himmel auftauchen, sind aber auch in belebten Gebieten eine Gefahr für freilaufende Kleintiere. Sie sehen den Bussard vielleicht nur schemenhaft in weiter Höhe – aber er sieht Sie gestochen scharf, und damit auch Ihre Hühner.
Die fleischfressenden Vögel sind immens schnell, wenn sie die Chance auf Beute haben und schlagen binnen Sekunden zu. Um Ihre Hühner gegen derlei Attacken zu schützen, bieten Sie Ihnen am besten im Freilauf Unterschlupfmöglichkeiten durch entsprechende Bepflanzung. Wer den Freilauf absolut sicher gestalten will, kann diesen mit einem Netz überspannen.

Schlau wie Fuchs dem roten Räuber vorgebeugt
Füchse jagen weniger gezielt, sondern fressen, was sich gerade oder besonders gut anbietet. Dazu kann ein Hühnerauslauf oder -stall gehören, falls sich der Fuchs Zugang zu diesem beschaffen kann. Denn unter diesen Umständen ist die Beute sehr leicht zu kriegen, da sie kaum Fluchtmöglichkeiten hat.

Füchse sind nicht zu unterschätzen. Nicht nur, weil sie Zäune überspringen und sich unter ihnen hindurchwinden oder sie untergraben können. Auch ihre Verbreitung wird manchmal falsch eingeschätzt, denn die roten Gesellen haben sich auch an dicht besiedelte Gebiete angepasst. Gerade Stadtfüchse sind oft weniger scheu als ihre Verwandten in der Wildnis. Die beste Abwehrmethode gegen diese Fressfeinde sind ein hoher, im Boden verankerter Zaun sowie ein ordentlich verschließbarer Stall.

Ein hoher und bis in den Erdboden reichender Zaun sorgt für unbekümmerten Freigang – und verhindert ein Ausbüchsen flinker Flattermänner.

Federn und Co., die sich an den Lüftungsschlitzen verfangen, sind ein gutes Zeichen dafür, dass die Luftzufuhr und -abfuhr funktioniert.

Locker luftige Atmosphäre

Zu jedem artgerechten Hühnerstall gehört eine Belüftung. Für die Gesundheit der Tiere müssen Luftzirkulation sowie Frischluftzufuhr und die Abführung verbrauchter Luft gewährleistet sein. Dennoch darf keinesfalls Zug entstehen. Sie können hierfür ganz einfach längliche Lüftungsschlitze in die Stallwand einbauen. Diese sollten etwa zwanzig Zentimeter unterhalb des Stalldachs liegen und rund zehn Zentimeter hoch sein. Die Breite der Lüftungsschlitze richtet sich nach der Stallgröße. Ein Abstand von zehn bis dreißig Zentimetern zu den Stallecken ist eine gute Richtlinie. Die Lüftungsschlitze müssen an gegenüberliegenden Stallwänden eingelassen werden und auf unterschiedlicher Höhe liegen. Um das Eindringen ungebetener Gäste durch die Lüftungsschlitze zu verhindern, versehen Sie diese am besten mit einem sicher befestigten Drahtgeflecht. So können Marder, aber auch kleine Vögel, die vom Hühnerfutter profitieren möchten, nicht in den Stall gelangen. Um das Eindringen von Regen zu verhindern, können Sie einen Riegel installieren, der bei Bedarf über die Öffnung geschoben werden kann. Auch ein Dach, das weit genug übersteht, schützt an dieser Stelle.

„Wir haben unseren Stall selbst gebaut. Das ging recht einfach und zügig. Und er entspricht unseren Vorstellungen."

Solider Raum voller Freiheit

Ein fester, geschlossener Boden, undurchdringliche Stallwände und ein dichtes Dach machen das „Grundgerüst" eines artgerechten Hühnerstalls aus. Neben Lüftungsschlitzen gehören Öffnungen für die Lichtzufuhr sowie Ein- bzw. Ausgang für Hühner und Mensch dazu. Für einen eigens erbauten Holzstall ist die Konstruktion über einen Rahmen aus vierkantigen Balken eine sichere Methode, wie sie auch häufig für Gartenhäuschen oder Nagerställe verwendet wird.

Der Boden des Stalls sollte auf jeden Fall undurchdringlich und eben sein. Sie können hierfür ein solides Fundament errichten oder, beispielsweise bei portablen Ställen, eine geschlossene Bodenplatte verwenden. Geschlossene Flächen haben den Vorteil, dass sich hier nicht so leicht Ungeziefer einnisten kann wie zwischen Brettern und dass sie leichter zu reinigen sind.

Um den Stall vor unbeliebten Besuchern zu schützen und eine gute Bodentemperatur aufrechtzuerhalten, empfiehlt es sich, den Stall leicht erhöht zu bauen. Ein Abstand von etwa 30 bis 40 Zentimetern zwischen Erde und Stallboden sorgt dafür, dass keine Nässe oder Kälte von unten in den Stall ziehen kann. Außerdem gelangen Feinde, aber auch Mitfresser wie Mäuse nicht so leicht zu Ihren Lieblingen. In Bezug auf Fenster und Türen können Sie sehr variabel konstruieren. Wichtig ist, dass

Gleich große Balken sind ideal. Sie sorgen für Stabilität und weniger Abschnitte beim Bau.

Ein erhöht gebauter Stall kann im Auslauf als Unterschlupf oder als Stauraum genutzt werden.

Eine gute Verriegelung sorgt für ein sicheres Hühnerzuhause.

Hereinspaziert! Die Überwindung von Höhenunterschieden über solche Leitern ist für die Tiere sehr bequem und beugt Verletzungen vor.

genügend Licht in den Stall fallen kann, ohne dass dieser deshalb zwangsläufig für unerwünschte Besucher zugänglich ist. Auch eine zusätzliche Belüftungsmöglichkeit für heiße Tage sollte auf diese Weise gegeben sein. Eine gute Lösung ist es, ein dreh- und kippbares Fenster einzubauen, das Sie von innen zusätzlich mit einem Drahtgitter schützen und das von außen verdunkelt werden kann. Ob Sie sich einen Zugang mit Ihren Hühnern teilen oder einen separaten Ausschlupf installieren, hängt von der Stallbauweise und Ihren Wünschen ab.

In jedem Fall muss der Stall für Sie leicht zugänglich, komplett verschließbar und auch ohne Zugluftgefahr für die gefiederten Tiere begehbar sein. Hühnerleitern, die zu den Öffnungen führen, befestigen Sie am besten klappbar oder abnehmbar, damit nachts keine ungebetenen Gäste zu den Hühnertüren gelangen. Auch diese kleinen Zugänge müssen unbedingt verschließbar sein.

Angenehme Inneneinrichtung

Um glückliche kleine Zweibeiner zu haben, können Sie den natürlichen Verhaltensweisen von Hühnern mit einer artgerechten Inneneinrichtung des Stalls entgegenkommen. Zur Ausstattung sollten auf jeden Fall folgende Bereiche gehören:

- Genügend Scharr- und Futterfläche (hier gehört auch die Tränke hin)
- Erhöhte Sitzstangen für angenehmen Schlaf
- Kuschlig gepolsterte Legenester für entspannten Rückzug

Bodenständige Grundlage

Der Scharr- und Futterbereich sollte geräumig genug sein, um allen Tieren Platz und Zugang zu Futter und Wasser zu bieten. Ihre Hühner sollten sich gut bewegen, mit den Flügeln schlagen und ihren typischen Beschäftigungen wie Scharren und Picken nachgehen können. Der Boden sollte deshalb mit Hobelspänen und/oder Strohhäcksel eingestreut sein.

Ideal gelöst: Ein klappbarer Gitterrahmen über dem Kotbrett sorgt für sauberen Schlaf und ist ganz leicht zu reinigen.

Geruhsame Nächte

Hühner schlafen grundsätzlich erhöht. In freier Wildbahn könnte es für die gefiederten Tiere schlimme Konsequenzen haben, wenn sie auf Bodenhöhe, sprich Augenhöhe ihrer Feinde, Nachtruhe halten würden. Mit genügend Abstand zum Boden fühlen sich die kleinen Zweibeiner also sicher.

Die Sitzstangen, auf denen Ihre Hühner sich zur Nachtruhe bequemen, sollten einen Durchmesser von vier bis sechs Zentimetern haben. Pro Tier sollten Sie etwa zwanzig bis fünfundzwanzig Zentimeter Platz einkalkulieren. Wenn Sie mehrere Stangen versetzt übereinander anbringen wollen, sind versetzte Abstände von rund vierzig Zentimetern geeignet. Damit haben auch die unten sitzenden Tiere genügend Platz und bekommen nichts ab, wenn die obere Etage etwas fallen lässt.

So wird's schön gemütlich, und das Scharren und Picken nach Körnern macht in solcher Einstreu so richtig Spaß.

Ganz leger legen

Die Legenester bringen Sie am besten leicht erhöht und geschützt an. Sie sollten von fünf Seiten geschlossen sein. Die offene Zugangsfront können Sie für zusätzliche Intimität mit einem leicht durchgänglichen Vorhang versehen.

Für die Legenester verwenden Sie am besten weiche Einstreu wie Stroh. Eine Leiste an der Zugangsseite verhindert das Herausfallen des Materials. Für einen guten Einstieg in die Nische sorgen Sie mit einer Anflugstange, die Sie vor dem Legenest anbringen.

In luftig weichem Material in der Kuschelhöhle legt sich's am besten.

Frisches Grün und sonnige Aussichten

Glückliche Tiere haben neben ihrem schützenden Stall täglich Auslauf, wo sie nach Herzenslust junges Grün fressen und nach schmackhaften Insekten suchen können.

Da die wilde Verwandtschaft der Hühner ursprünglich im Unterholz lebt, sind Unterschlupfmöglichkeiten auch im Auslaufbereich ideal. Unter kleinen Büschen und Sträuchern können sich Ihre kleinen Zweibeiner nicht nur bei Sonne zurückziehen, sondern auch vor Fressfeinden wie Greifvögeln verstecken. Als Richtwert für die Mindestgröße des Auslaufs können Sie rund zehn Quadratmeter pro Huhn veranschlagen. Das hört sich zunächst nach viel Platz an. Doch wenn man bedenkt, dass ein Terrain von drei auf drei Metern schon beinahe den diesen Minimalbedarf deckt, wird man sehen, dass auch kleinere Gärten durchaus freien Raum für Hühner bieten können. Zudem müssen Sie nicht für jedes weitere Huhn erneut zehn Quadratmeter zurechnen. Da sich die Tiere diesen Raum teilen, bedeutet das, dass eine kleine Erweiterung für zwei Hühner genügt u.s.w.
Natürlich können Sie den Freilaufbereich für Ihre kleinen Zweibeiner nach Belieben größer gestalten. Je mehr Fläche Ihre Lieblinge zu Verfügung haben, desto interessanter wird für sie der tägliche Aufenthalt im Freien – und desto mehr unterhaltsame Beobachtungen werden Sie machen.

Sichere Masche: Diese Zaunbefestigung ist stabil und schützt durch den bogenförmigen Nagel vor Verletzungen.

Wichtig ist in jedem Fall, dass das Areal durch einen stabilen Zaun geschützt ist, damit die Hühner nicht flüchten und keine Feinde eindringen können. Bei besonders flugfähigen Arten und zum Schutz gegen Greifvögel können Sie das Auslaufgehege mit einem Netz abdecken. Auch Windschattenbereiche sollten vorhanden sein.

Hühner bevorzugen junge Grünpflanzenteile. Wenn Sie die Grasfläche regelmäßig mähen, wachsen diese Leckerbissen schneller nach.

Außerdem erhöhen Sie so die Bewegungsfreiheit der Tiere, insbesondere bei federfüßigen Arten. Wenn Sie den Auslauf unterteilen, können Sie sicherstellen, dass sich die Grasnarbe wieder erholt.

Den Bereich um den Stall, an dem sich Ihre kleinen Zweibeiner häufig aufhalten, können Sie mit einer Sandschicht oder begehbaren Platten auslegen. Damit vermeiden Sie Staunässe. Bei der Verwendung von Platten können Sie diesen Bereich besonders gut reinigen.

Weitere Wellness-Bereiche

*Wer seinen Hühnern mehr als guten Standard bieten möchte,
hat eine Vielzahl toller Möglichkeiten. Im Freilaufbereich können Sie
beispielsweise verschiedene Kräuter und Gräser aussähen, damit Ihre
Lieblinge stets leckeres und reichhaltiges Grün à la minute haben.*

„Center-Park" für kleine Flattermänner

Um Ihren kleinen Zweibeinern den Aufenthalt
an der frischen Luft auch bei schlechtem Wetter
oder in Ihrer Abwesenheit zu ermöglichen,
können Sie an den Stall anschließend einen
überdachten Wintergarten bauen. Dann haben
Ihre Hühner die Möglichkeit, sich auch bei
starkem Regen nach Herzenslust draußen
aufzuhalten, ohne dabei von Fressfeinden
erreicht werden zu können.

Wintergärten haben noch weitere Vorteile. Da
Ihre Hühner tagsüber normalerweise freien
Zugang zu Grünflächen haben, können Sie den
Boden der zusätzlichen Außenfläche plan
anlegen und müssen ihn nicht unbedingt
bepflanzen. Dadurch haben Sie die Möglichkeit,
dort ein wahres Erlebnisparadies für Ihre
gefiederten Freunde zu errichten, das Sie sehr
leicht reinigen können.

Zusätzlicher Gacker-Genuss pur

Um Ihren Hühnern noch weitere tolle Aufent-
haltsbereiche zu schaffen, können Sie ihnen ein
Sandbad bieten. Eine flache Kiste, die Sie im Stall
oder an einem überdachten Ort im Freien aufstel-
len, eignet sich hierfür bestens. Dann können Ihre
Hühner ausgiebig dem Badegenuss frönen und
sich hierdurch von Parasiten befreien.

Für leckeres Bonus-Futter kann ein zugänglicher Kompost sorgen. Hier können Ihre Lieblinge, ganz ihrer Natur entsprechend, nach
Leckereien wie Obstschalen und Ähnlichem
suchen. Weitere Beschäftigungsmöglichkeiten
finden Sie auf Seite 64/65.

*Leichtfüßig geht's durch kurz gemähtes
Gras. Und die leckeren Insekten sieht man
auch viel besser.*

Eine gute Vorgehensweise für den Bau ist:
- Grundlage schaffen, d. h. einen planen Boden im richtigen Maß erstellen
- Balkenkonstruktion anfertigen, am besten inklusive Fenster- und Türrahmen; das erspart eine Menge Arbeit, sonst müssen diese Öffnungen später mühsam integriert werden
- Große Platten anbringen (Boden, Dach; falls dafür verwendet, auch die der Außenwände)
- Bretter der Außenwände anbringen
- Interieur integrieren. Wenn Sie hierauf bereits bei der Grundkonstruktion der Balken achten, geht auch das später viel einfacher.

Holz ist ein lebendiger Baustoff, der sich ständig dehnt und zusammenzieht. Es heißt nicht umsonst, dass Holz arbeitet. Um sichere Verschraubungen zu gewährleisten, bohren Sie die entsprechenden Stellen mit einem Bohrer vor, der einen etwas geringeren Umfang hat als die Schraube selbst.
Auch die Bretter der Außenwände können sich mit der Zeit verändern und Luftschlitze bilden. Um dem vorzubeugen, können Sie die Bretter versetzt in zwei Schichten anbringen, sodass sie sich ein Stück weit überlappen.

So angebracht sitzt ein Dachbalken fest und solide.

Clever gelöst

Vertikal angebrachte Bretter sorgen nicht nur für ein besseres Abfließen von Regenwasser. Sie lassen den Stall auch optisch etwas größer bzw. weniger gedrungen wirken.

Mit Winkeln verschraubte Konstruktionen sind nicht nur solide, sondern sorgen auch für Passgenauigkeit.

Von der Stange und sitzt trotzdem

Für Sitzstangen können Sie Kleiderstangen aus Naturholz verwenden, die eine genügend große Auflagefläche haben, um das Gewicht der Tiere zu tragen, ohne sich zu sehr zu biegen. Sie müssen außerdem fest genug sitzen, um nicht herausgestoßen werden zu können. Der Vorteil dieser Lösung: Zur Reinigung können Sie die Stangen einfach aus der Verankerung nehmen.

Das taugt was: Feste Balkenkonstruktionen und plane, tragfähige Bodenplatten. Damit ist auch die Reinigung ganz fix und ordentlich erledigt.

Raus aus dem Alltag –
rein in die Gummistiefel

Durch Ihren Garten schlendern zutrauliche
kleine Zweibeiner, die ein glückliches Dasein
führen. Sie fühlen sich zufrieden und
ausgeglichen. Wo's gackert, ist Durchatmen
und die Rückorientierung zu
Ursprünglichem jederzeit möglich.
Das ist Lebensfreude pur.

„Draußen zu sein und eine sinnvolle Aufgabe
zu haben, ist belebend und erfrischend.
Dadurch genießt man alles viel bewusster –
auch das Leben im Haus."

Gesund und lecker in den Schnabel

Für gesunde kleine Zweibeiner mit schönem Gefieder und voller Vitalität sorgt eine gute Ernährung. Die artgerechte Fütterung von Hühnern ist relativ leicht zu gewährleisten. Ein hochwertiges Grundfutter aus Körnern, Zugang zu Grünflächen und frischem Wasser bieten hierfür die ideale Basis.

Korngesund

Es duftet nach Sommerfeldern und gehört zur Basisversorgung vitaler Tiere: Das Grundfutter, bestehend aus Weizen, Mais, Gerste und einem kleinen Anteil Hafer. Ob Sie die gesunde Power-Mischung selbst zusammenstellen oder im Fachhandel besorgen, bleibt Ihnen überlassen. Für Ihre Hühner gilt: Hauptsache trocken, frisch und in der richtigen Zusammensetzung. Über das passende Mischverhältnis kann Ihnen der Züchter, ganz im Sinne der Rasse Ihrer Hühner, Auskunft geben.

Wichtig ist in jedem Fall, dass die Getreide geschält sind, der Mais zerkleinert ist und der Haferanteil gering gehalten wird. Letzteren verspeisen die Hühner nämlich nur widerwillig. Weshalb er dennoch beigemischt wird, hat einen logischen Grund: Er ist der Indikator für die richtige Futterportion.

Ist die gesamte Körnerration bis zur nächsten Fütterung verspeist, war die Menge zu gering und der Hunger hat die Tiere dazu gebracht, auch das weniger beliebte Getreide zu fressen. Ist der gesamte Haferanteil übrig, können Sie die Dosis etwas reduzieren. Ideal versorgt sind die Tiere, wenn bis zur nächsten Fütterung noch ein geringer Haferrest im Trog ist.

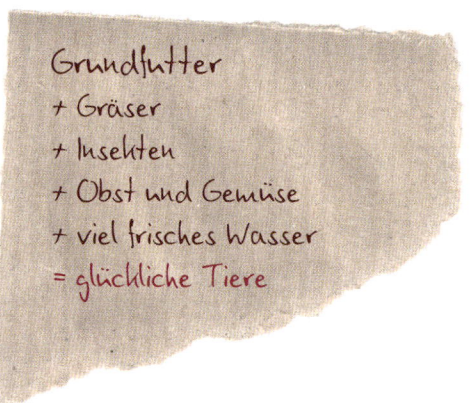

Grundfutter
+ Gräser
+ Insekten
+ Obst und Gemüse
+ viel frisches Wasser
= glückliche Tiere

Kernig und ursprünglich: So fühlt sich gesundes Hühnerfutter an.

Grünschnäbel und Käferkiller

Doch auf den Speiseplan der gefiederten Gesellen gehört noch weit mehr. Hühner sind von Natur aus Allesfresser, die neben Getreidekörnern eine ganze Menge Grünzeug und Insekten verputzen. Ein Trog mit Grundfutter und Zugang zu einem Wiesenstück, das regelmäßig gemäht wird, bilden die ideale Voraussetzung für eine ausgewogene Ernährung.

Kurzes Gras erleichtert nicht nur das Auffinden von Insekten, es bietet auch ständig nachwachsende Jungtriebe – grüne Leckerbissen. Für besonders kleine oder federfüßige Arten ist kurzes Gras zudem für die ungehinderte Fortbewegung besser. Damit fühlen sich die Tiere nicht nur wohler, auch die Verletzungsgefahr wird vermindert.

Haben die Hühner tagsüber freien Zugang zu Grünfutter und Insekten, können Sie abends die Körnermischung geben.

„Ab und zu lassen wir unsere Hühner ins Gemüsebeet. Dort können sie nach Herzenslust Schnecken und andere Insekten fressen. Die Tiere haben damit Leckerbissen – und wir ziemlich schädlingsfreies Gemüse."

Hier gibt's doch bestimmt leckere Schnecken und Käfer zu finden.

Dafür kommt man
doch gern auf den Arm.
Mit leckerem Zusatzfutter
werden die Tiere schnell
handzahm und
zutraulich.

Ergänzungen für vitale Gartengefährten

Es gibt eine Vielzahl zusätzlicher Nahrungsquellen, die Sie Ihren Lieblingen bieten können. Dabei müssen Sie keine teuren Zusatzfutter beziehen. Im Gegenteil. Ihre Hühner werden sich auch über Snacks freuen, die aus Nahrungsüberbleibseln Ihrer Küche stammen.

Verlockende Leckereien aus zarten Körnchen

Wenn Sie Ihre Hühner verwöhnen möchten, können Sie ihnen zusätzlich zu ihrer normalen Ernährung Keimfutter anbieten. Das schmeckt nicht nur besonders lecker, sondern liefert auch eine Menge Energie. Keimfutter können Sie ganz leicht selbst herstellen, allerdings sollten Sie hierbei unbedingt auf die Reinheit des Futters achten.

Nehmen Sie eine gewünschte Menge Körner und legen diese über Nacht in lauwarmem Wasser ein. Dadurch quellt das Getreide. Am nächsten Tag füllen Sie die vorbereiteten Körner in ein Sieb und waschen Sie mehrmals gründlich ab. Das ist wichtig, da sich sonst krankheitserregende Keime bilden können, die für Ihre kleinen Lieblinge ganz und gar nicht ungefährlich sind.

Lassen Sie die Körner vollständig abtropfen (am besten in einem anderen Sieb). Dann stellen Sie sie an eine warme Stelle, auf die kein direktes Sonnenlicht fällt. An kühlen Tagen können Sie die Heizung oder eine mäßig warme Stelle auf dem Kamin hierfür nutzen. Anstatt eines Siebes können Sie auch eine flache Schale verwenden, die Sie mit einem sauberen Tuch auslegen.

Sobald die Körner aufplatzen, sind sie als Zusatzfutter geeignet. Normalerweise geht das recht schnell. Falls Sie nachhelfen müssen, können Sie die Körner zwischendurch mit lauwarmem Wasser abspülen.

... und genauso schnell verspeist.

Im Handumdrehen zubereitet: Eingeweichte Brötchen ...

Weiche Snacks für puren Genuss

Sehr einfach zubereitet und für die Hühner grandiose Leckerbissen sind getrocknete Brötchen oder Brotscheiben, die Sie in Wasser einweichen. Derlei Bonusfutter ist nicht nur im Handumdrehen hergestellt, sondern auch leicht lagerbar – in der trockenen Version, versteht sich.

Für Hochgenuss können Sie den „matschigen" Backwaren auch Haferflocken und geriebene Karotten oder Äpfel beimischen. Ihre Lieblinge werden davon begeistert sein! Deshalb können Sie diese Beifutter auch sehr gut dafür einsetzen, sich mit Ihren neuen Gartentieren vertraut zu machen. Denn: Wer solche Leckerbissen für die gefiederten Freunde bereithält, kann doch gar nichts Böses von ihnen wollen! Zu viel des Guten sollten Sie aber nicht verfüttern. Um die Gesundheit, insbesondere das Gefieder, nicht negativ zu beeinflussen, sollten derlei Futtergaben nie über 10 Prozent der Nahrung ausmachen. Falls Sie dieses Beifutter für den freien Zugang bereitstellen, sollten Sie die Reste nach einer viertel Stunde entfernen. Nicht nur, weil das Futter sonst keine Besonderheit mehr bleibt, sondern vor allen Dingen, weil sich darin sonst bei höheren Temperaturen schnell Gärprodukte bilden.

Ein weiteres beliebtes Weichfutter sind gekochte Kartoffeln. Sie eignen sich übrigens besonders gut, um vitamin- und mineralstoffhaltige Ergänzungsfutter unterzumischen.

Futter à la cuisine

Je nachdem wie viele Hühner welcher Größe Sie halten, können sich Ihre Küchenabfälle drastisch reduzieren. Natürlich sind Hühner keine allgemeinen Biomüllverwerter, aber viele Gemüsereste lassen sich wunderbar als Beifutter einsetzen. Was für Sie nur eine weniger beliebte Schale oder ein Fruchtreststück ist, ist für Ihre kleinen Zweibeiner häufig ein willkommener Leckerbissen.

Besonders beliebt sind meist Apfelschalen, Salatblätter und Möhrenabschnitte. Bitte verabreichen Sie aber keine behandelten Reste, gewürzte Speisen oder abgelaufene Nahrungsmittel. Hier sind die kleinen Gartengesellen nämlich sensibel. Aber sicherlich ist Ihnen das Wohlergehen Ihrer Tiere wichtiger, als die Verwertung von Bioabfällen.

Fleisch- und Fischreste gehören übrigens nicht in den Hühnerstall. Zwar werden derlei Dinge von den kleinen Allesfressern durchaus verschlungen, aber sie können nicht mit ihrer natürlichen Nahrungsaufnahme in Bezug auf Insekten verglichen werden. Zudem können sie mit Krankheitserregern kontaminiert sein und schnell schädliche Stoffe bilden.

Bei der Verfütterung von Eischalen scheiden sich die Geister. Manche behaupten, dass dies der Kalziumzufuhr zuträglich sei – was tatsächlich stimmt. Allerdings kann es dazu führen, dass sich Ihre Hühner direkt über gelegte Eier hermachen. Auch das Federpicken kann daraus resultieren. Sicherlich ziehen Sie schöne Frühstückseier dem Griff in zerpickte Produkte und der Ansicht zerfledderter Hühner vor. Um den Kalziumhaushalt Ihrer Tiere zu begünstigen, gibt es also zuträglichere und dennoch kostengünstige Methoden.

Im Fachhandel erhalten Sie auf jeden Fall die passenden Futtermittel für eine rundum gute Nährstoffversorgung Ihrer Tiere.

Perfekt passende Mischungen und nährstoffreiche Ergänzungen

Der Fachhandel bietet verschiedene Futtermischungen, die auf bestimmte Tiere und Haltungsbedingungen ausgerichtet sind, sogenannte Alleinfuttermittel. Wer sichergehen will, dass seine kleinen Zweibeiner rundum mit allen wichtigen und zuträglichen Nährstoffen versorgt sind, fährt mit diesen Futtermitteln am besten.

Insbesondere Legehennen benötigen, um zuverlässig Eier zu liefern, eine entsprechende Futtermischung. Für einen guten Kalziumhaushalt, und somit auch für die Bildung fester und gesunder Eierschalen, ist zusätzlich und dauerhaft angebotener Muschelkalk eine gute Ergänzung.

Zudem sollten die Tiere stets Zugang zu Grit haben, der für die Verdauung wichtig ist. Beides kann in Schalen angeboten werden.

Fun-Park für Hühner

Sie wollen Ihren Lieblingen Außergewöhnliches und spannenden Luxus bieten? Kein Problem. Für ein tolles Hühnerdasein und eine wunderbare Beschäftigung mit den Tieren gibt es eine Menge unterhaltsamer Möglichkeiten.

Kletterparcours für Athleten und Balancekünstler

Um Ihren kleinen Gartenfreunden ein spannendes Areal zu bieten, können Sie einen verzweigten Ast verwenden, der stabil steht und tragfähig ist. Spitze Kanten und Ecken sollten Sie aufgrund der Verletzungsgefahr unbedingt entfernen, bevor Sie die Attraktion „in Betrieb" nehmen. Auch die Abstände der Äste und Zweige sollten groß genug sein, dass die Tiere sich nicht in ihnen verfangen können. Turbo-Action bieten Sie, wenn Sie das Klettergerüst dann und wann gegen ein Neues austauschen. Bitte informieren Sie sich beim Züchter gut über die Eigenheiten Ihrer Hühnerrasse. Für manche Tiere, beispielsweise Federfüßige oder Hühner mit besonders langen Schwanzfedern, sind solche Spielereien nicht geeignet.

Verstecken, klettern, Neues entdecken: Das macht kleinen Zweibeinern richtig Spaß.

Pick's-Raus-Schale

Hühner suchen ihr Futter gerne.
Sie wollen scharren, beäugen und
picken. Für besonders interessante
Futtersuche können Sie mit einer
Pick's-Raus-Schale sorgen. Diese
befüllen Sie mit Stroh oder Holz-
häcksel und mischen besonders
schmackhafte Leckerbissen, beispielsweise Keimfutter oder
kleine Karottenwürfel, darunter.
Dann können Ihre Hühner auf
die Suche nach dem Bonusfutter
gehen und sich dabei so richtig
„austoben".

*Mit der Pick's-Raus-Schale können
Sie Ihre Hühner beschäftigen und
gleichzeitig ihre Zutraulichkeit fördern.*

Bauernhof-Feeling

Strohballen sind interessante Beschäftigungs-
objekte für Hühner. Leider haben die meisten
Landwirte mittlerweile nur noch Großballen
auf Lager. Aber hier und da können Sie noch
die klassischen kleinen Ballen beziehen.
Die Strohballen sollten auf jeden Fall frisch,
staubfrei und fest gebunden sein, damit Ihre
Hühner sich nicht in losen Schnüren verfangen können. Am besten platzieren Sie den
Ballen auf festem und trockenem Untergrund.
Solch ein Strohballen bietet nicht nur eine
wunderbare Sitzmöglichkeit, sondern verleiht
dem Hühnerareal auch optisch einen schönen
ländlichen Reiz. Wenn Sie trockene Körner
aufstreuen, bieten Sie Ihren gefiederten
Freunden zusätzlich eine Scharr- und Pick-
möglichkeit.
Natürlich lassen sich auch andere, hübsche
Objekte für echtes Landleben-Flair integrieren. Alles, was fest steht, keine giftigen Farben
und /oder Materialien enthält und keine
Verletzungsgefahr mit sich bringt, lässt sich
hierfür verwenden.

Saubere Näpfe und Tränken sind wichtig für die Tiergesundheit. Diese kleine Henne kann's kaum erwarten, dass sie wieder gefüllt werden.

Bei einem Trog mit Bügeln, die sich wegklappen lassen, ist die Befüllung kinderleicht.

Frisch serviert im passenden Stil

Da Hühner sensible Tiere sind, sollten Sie alle Futter- und Wassergefäße stets sauber halten. Das gelingt am besten, wenn Sie die Näpfe und Tränken bei jeder neuen Befüllung kurz reinigen. Hat sich erst einmal Schmutz daran angesammelt, ist dieser nämlich nicht mehr so leicht zu entfernen. Vor allen Dingen Hühnerkot kann sehr fest werden. Die Reinigung ist dann aufwendig und nichts für empfindliche Nasen.

Näpfe für pickende Leckermäulchen

Ihrem Huhn ist es im Prinzip egal, ob es sein Futter in einer Schale, einem speziellen Hühnertrog oder direkt auf den Stallboden gestreut serviert bekommt.

Das Verhalten der Tiere untereinander sowie der Futterverlust oder der Reinigungsaufwand lassen sich über verschiedene Fütterungstechniken jedoch beeinflussen.

Wichtig dabei ist, dass das Hühnerfutter stets sauber und frei von Einstreu bleibt, und alle Ihre gefiederten Zweibeiner ungehindert Zugang dazu haben. Bei zu kleinen Trögen werden sonst die in der Hierarchie tiefer stehenden Tiere von den Ranghöheren verdrängt. Bei offenen Trögen wird das Futter beim Picken herausgeschleudert, was zu Verlust und erhöhtem Reinigungsbedarf führt.

Kleine Tränken sind handlich und passen bei Bedarf auch in die Spülmaschine.

Täglich gesäuberte Tränken sind nicht nur dem Wohlergehen der Tiere zuträglich, sondern auch ganz fix gereinigt.

Wenn Sie Futterverluste vermeiden möchten, können Sie einen Bügeltrog kaufen. Diese Tröge sind mit kleinen Drahtbügeln in regelmäßigen Abständen versehen, die dafür sorgen, dass die Tiere beim Fressen den Kopf nicht zu ausladend bewegen können. Schaden fügen diese Tröge den Hühnern übrigens nicht zu. Die Bügelabstände müssen aber groß genug sein, damit die Tiere den Kopf ungehindert zwischen ihnen hindurch bewegen können. Zusätzliches Weichfutter können Sie in einem zweiten Bügeltrog reichen. Wenn Sie sich während der Fütterung mit den Tieren beschäftigen, genügt aber auch ein einfacher Napf. Dann können Sie die Leckerbissen von Hand gerecht zuteilen. Auch die Fütterung von Leckerbissen direkt aus der Hand ist bei zutraulichen Tieren natürlich eine schöne Möglichkeit.

Größere Mengen von Grünzeug, beispielsweise Grasschnitt, können Sie in einem Netz, das Sie aufhängen, oder in einer Raufe servieren. Sie können solche Futtermittel, ebenso wie Obst- und Gemüsereste, auch direkt auf eine saubere Stallstelle geben, sofern die Stallreinigung ohnehin zeitnah ansteht und die Reste damit vor dem Verderb wieder entfernt werden.

Für die Fütterung von Weichfutter immer separate Näpfe verwenden. Dann können die anderen Futtermittel nicht durch sie verderben.

Allzeit klares Nass

Verschmutztes Wasser mögen die kleinen Zweibeiner genauso wenig wie wir. Zudem kann dieses Krankheitserreger enthalten. Auch die Temperatur ist für die Wasseraufnahme entscheidend.

Sie können Ihren Hühnern Wasser in einem sauberen Napf zur Verfügung stellen, der leicht erhöht steht, damit keine Einstreu in das klare Nass gelangt. Eine elegantere und reinlichere Lösung sind Hühnertränken. Diese gibt es aus Kunststoff, Glas und Metall. Hühnertränken bestehen aus einem geschlossenen Wasserbehälter und einer Trinkrinne, in die frisches Wasser nachfließt, sobald aus der Rinne abgetrunken wird. Damit steht Ihren kleinen Zweibeinern garantiert sauberes Nass zur Verfügung.

Diese Tränken müssen aber auch regelmäßig gesäubert werden, da trotz erhöhter Aufstellung und guter Technik Schmutz in sie gelangen kann. Solche Tränken sind übrigens nicht teuer. Je nach Größe und Beschaffenheit können sie auch in der Spülmaschine gereinigt werden. Eine vollständige Trocknung nach der Reinigung ist wichtig, um gegen Krankheitserreger vorzubeugen.

Im Winter können die Temperaturen auch in einem gut isolierten Stall teils so tief fallen, dass das Trinkwasser der Hühner gefriert. Um ein Platzen der Tränken zu vermeiden und Ihren Hühnern Wasserzugang zu garantieren, können Sie in dieser Zeit auf offene Näpfe umsteigen, die Sie mehrmals täglich reinigen und neu füllen. Einfacher ist es, wenn Sie einen Tränkenwärmer haben. Diese Hilfsmittel sind strombetrieben und werden einfach unter die Tränke gestellt.

Bei hohen Temperaturen sollten Sie das Wasser regelmäßig wechseln und die Tränke an einer schattigen Stelle platzieren. In erwärmtem Wasser können sich nämlich Krankheitserreger sehr schnell ausbreiten und vermehren.

Um stets saubere Tränken zu haben, ist es ideal, wenn Sie sich zwei Tränken zulegen. Dann kann immer eine gereinigt werden, während die andere im Einsatz ist.

Gut platziert: Erhöht aufgestellte Tränken werden nicht so schnell verschmutzt.

Ab ins frisch gemachte Kuschelheim

Hühner mögen und brauchen eine saubere Umgebung. Das schützt sie nicht nur vor Krankheiten und fördert das Wohlbefinden, sondern macht auch für Sie als Halter den Umgang mit den Tieren angenehmer. Ganz zu schweigen davon, welch schöne Zierde solch ein Stall und Freilauf sein können.

Raus mit dem Mist

Gerüche gehören natürlich zum ländlichen Leben dazu. Damit meine ich nicht nur die unangenehmen „Lüftchen", die vom Hühnerkot ausgehen, sondern auch den Duft von warmem Stroh, frisch gemähtem Gras, reinem Futter und sauberem Holz. Letztere werden Sie sicherlich bevorzugen, denn Hühnerkot enthält eine Menge Ammoniak und riecht im Vergleich zu den Ausscheidungsprodukten anderer Tiere relativ streng. Dieser Geruch kann sich bei einer Vernachlässigung des Stalls überall festsetzen. Um die Gesundheit Ihrer kleinen Zweibeiner aufrechtzuerhalten und sich selbst den Spaß der Versorgung der Hühner zu bewahren, ist eine regelmäßige und gründliche Stallreinigung die beste Grundlage.

Wenn Sie diese in passenden Abständen vornehmen, vermeiden Sie nicht nur stechende Gerüche und Gesundheitsgefahren; auch die Reinigung selbst ist viel einfacher und angenehmer durchzuführen.

Dann duftet es nach Holz und Stroh, alles sieht ansprechend einladend aus und Ihre kleinen Gartengefährten fühlen sich rundum pudelwohl.

Riecht nicht, gibt's nicht. Wer den Stall aber regelmäßig reinigt, vermeidet „strenge Düftchen".

Gewappnet für die Rundum-Reinigung

Gummistiefel, Handschuhe und Kleidung, die ruhig etwas abbekommen darf, sind das beste Rüstzeug für den Stallputz. Idealerweise führen Sie die Reinigung zu einer Tageszeit durch, wenn Ihre Hühner gerade im Freien unterwegs sind und Sie damit ordentlich Raum zur Verfügung haben.

Eine gute Grundausrüstung zur Stallreinigung ist schnell zusammengestellt. Vor allen Dingen altes Werkzeug und ausrangierte Putzutensilien können hier noch einmal Verwendung finden. Gut ausgestattet sind Sie, wenn Sie folgende Dinge griffbereit haben:

- Korb oder Eimer zum Abtransport des Mists
- Große und kleine Schaufel für den groben Ausputz
- Handbesen zur Reinigung von Balken, Ecken und Spalten zwischen den Brettern
- Spachtel, mit dem verhärteter Kot und ähnlicher Schmutz abgekratzt werden können
- Korb und Eimer, die nur für den Transport frischer Einstreu verwendet werden (damit vermeiden Sie Übertragungen von schädlichen Stoffen aus dem entfernten Material ins neue)
- Desinfektionsmittel für Gefiederställe (im Landhandel erhältlich)

Für kleinere Ställe genügen kleinere Utensilien. Außerdem finden hier ausrangierte Werkzeuge eine neue Bestimmung.

Günstig gemeistert – von oben herab

Zu allererst sollten Sie unbedingt die Fress- und Tränkgefäße sowie alle weiteren losen Bestandteile aus dem Stall nehmen, damit diese nicht unnötig verschmutzt werden. Am besten beginnen Sie die Stallreinigung dann damit, Schmutz, Staub, Federn u.s.w. von den oberen Balken und Flächen zu kehren. So können Sie sich von oben nach unten durch den Stall arbeiten und müssen den Boden später nicht doppelt ausputzen. Verhärteter

Schmutz lässt sich leicht mit einem Spachtel entfernen. In unzugänglichen Ecken kann ein Schraubenzieher genauso gute Dienste leisten. Es mag zwar manchmal verlockend sein, über Ecken, Ritzen und andere enge Stellen, an denen sich Schmutz sammeln kann, hinwegzusehen. Aber langfristig fährt man am bequemsten, wenn man diese Stallteile von Anfang an und kontinuierlich reinigt. Dann können sich dort gar nicht erst umständlich zu reinigende Schmutzstellen bilden.

Was gleich von oben runterfällt, wandert in einem Aufwasch raus.

Festsitzender Schmutz kann gut mit dem Spachtel abgekratzt werden.

„Donnerbalken" und entspannte Nächte

Das geht bei Hühnern Hand in Hand. Während die kleinen Zweibeiner auf ihren Stangen schlafen, geben sie nämlich den meisten Kot ab. Wenn Sie ein Brett unter den Sitzstangen anbringen, erleichtert Ihnen das die Stallreinigung erheblich. Dadurch gelangt viel weniger Schmutz in die Einstreu, die Sie bei regelmäßiger Säuberung des Kotbretts nicht ganz so häufig wechseln müssen.

Für Kotbretter gibt es sehr günstige und effektive Lösungen zur Gestaltung und Anbringung. Ein klappbarer Holzrahmen, der mit einem Drahtgitter bespannt ist und über dem Kotbrett angebracht wird, erleichtert die Stallpflege erheblich. Dadurch können die Hühner nicht in ihre Ausscheidungsprodukte treten. Das ist positiv für ihre Gesundheit und Fitness, zudem wird verhindert, dass der Kot in den Stall getragen wird.

Um ein Festkleben der Ausscheidungsprodukte Ihrer Hühner zu verhindern, können Sie das Kotbrett mit einer dünnen Schicht Hobelspäne bestreuen. Richtig clevere Stallbauer bringen den Unterbau der Sitzstangen so an, dass er sehr leicht herausgenommen und gegen neue Bretter getauscht werden kann. Das Kotbrett sollten Sie übrigens täglich putzen, sonst entsteht bei angesammelten Exkrementen ziemlich schnell unangenehmer „Mief", der zudem den Sauerstoffgehalt in der Luft reduziert.

Wenn Sie ein Kotbrett mit Rahmenabdeckung verwenden, können Sie dieses mit einer dünnen Schicht Holzasche bestreuen. Dann bleiben die Exkremente Ihrer kleinen Zweibeiner nicht so leicht auf dem Holz haften.

Klappbar ist klasse. Eine feine Schicht aus saugfähigem Material verhindert zudem das Festkleben von Kot auf dem Brett.

Kleinste Biester schnell vertrieben

Um auch kleinste und unsichtbare Gefahren-
quellen auszuschalten, beispielsweise Milben
oder Bakterien, ist eine regelmäßige Stall-
desinfektion sehr wirksam. Im Fachhandel
erhalten Sie verschiedene Präparate hierfür.
Die Desinfektionsmittel sprüht man auf
gereinigte Flachen auf, lässt sie einwirken und
streut dann erst wieder ein. Legenester und
Sitzstangen sollten etwa einmal monatlich
desinfiziert werden. Der gesamte Stall kann in
etwas größeren Abständen beim Wechsel
sämtlicher Einstreu damit bearbeitet werden.
Wenn Sie Milben entdecken, sollten Sie diese
sofort entfernen und die entsprechende Stelle
mit Desinfektionsmittel behandeln, um einer
Wiederkehr der lästigen kleinen Lebewesen
vorzubeugen.

> Zur Stallreinigung gehört immer
> auch das Säubern aller Dinge, die
> sich lose im Stall befinden, wie
> Näpfe und Tröge. Schließlich wollen
> Sie doch keinen alten Schmutz ins
> frische Hühnerzuhause befördern.

*Mit Desinfektionsmitteln aus dem
Fachhandel geht's Milben und Co.
so richtig an den Kragen.*

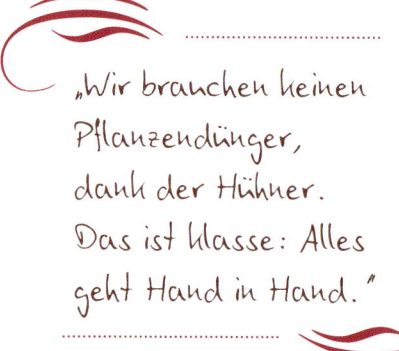

„Wir brauchen keinen
Pflanzendünger,
dank der Hühner.
Das ist klasse: Alles
geht Hand in Hand."

Kleinvieh macht auch Mist

Wohin also mit dem Ausgeputzten? Sie können Hühnermist ganz prima verwerten, wenn Sie einen Nutzgarten besitzen. Denn die Einstreu-Kot-Mischung ist wunderbar kompostierbar und entwickelt sich schnell zu einer nährstoff-reichen Bodenergänzung. Wenn das Material ausreichend zersetzt ist, können Sie es als Düngemittel in Ihrem Gemüsebeet unter-graben.

Fällt zu viel Mist an, den Sie nicht selbst verwerten können, gibt es hierfür verschie-dene Entsorgungsmöglichkeiten. Sehr kleine Mengen können Sie, wenn ordentlich verpackt, über den Bio- oder Hausmüll ent-sorgen. Da meist aber ein größerer „Haufen" zusammenkommen wird, ist es besser, wenn Sie einen Landwirt in Ihrer Nähe ausfindig machen, bei dem Sie den Ausputz Ihres Hühnerstalls bei Bedarf abliefern können.

Längeres Stroh ist mit der Gartenschere schnell hühnergerecht gekürzt.

Federfüßige Arten können
sich schnell verletzen, wenn
die Einstreu sie in ihrer
Bewegungsfreiheit
einschränkt. Für diese
Tiere ist weniger oft mehr.

Frischauf ins reine Hühnerglück

Als Einstreu für den Stall können Sie Hobelspäne oder kurz geschnittenes Stroh verwenden. Beides erhalten Sie im Landhandel. Auch Landwirte geben unter Umständen kleinere Mengen dieser Materialien günstig ab. Holen Sie die Einstreu beim „Bauern nebenan", sollten Sie unbedingt auf deren Reinheit, Staubfreiheit und Trockenheit achten. Das gilt auch für die Lagerung des Materials.

Falls Sie Stroh beziehen, das sonst für größere Tiere gedacht ist, müssen Sie es selbst zerkleinern. Das geht aber mit einer Gartenschere wunderbar.

Es gibt verschiedene Methoden, den Stall einzustreuen. Ist der Stallboden aus Holz und kühlt nicht zu sehr ab, können Sie ihn mit einer ein- bis zwei Zentimeter dicken Holzhobelschicht bedecken und hierauf etwas Stroh verteilen. Bei kalten Böden, insbesondere auf Stein und Beton, sollten Sie aber großzügiger vorgehen.

Es gibt auch die Möglichkeit, eine Tiefstreu anzulegen. Hierfür verwenden Sie am besten kurz geschnittenes Stroh, das Sie mit der dreifachen Menge an Hobelspänen mischen. Damit wird der Stall ordentlich aufgefüllt (etwa zwanzig Zentimeter hoch). Dieses Verfahren hat den Vorteil, dass die Einstreu sehr lange im Stall bleiben kann – sofern Sie ein Kotbrett angebracht haben. Den Stall halten Sie frisch, indem Sie etwa alle vier Wochen einen Teil der Einstreu entfernen und neue aufschütten. Einmal im Jahr muss aber auch diese Einstreu komplett entfernt, der Stall gänzlich gereinigt und neu befüllt werden.

Weg damit. Das gibt bald guten Dünger.

Gesund und (fast) rund

Alle Hennen legen Eier. Sie bekommen also auf jeden Fall frische Frühstücksbeilagen – nur die Menge und das Aussehen variieren je nach Rasse und sind abhängig von Haltungs- und Fütterungsbedingungen.

Legehennen bringen es, wie die Bezeichnung bereits sagt, auf eine ganze Menge Eier, das heißt fast täglich eines. Es gibt aber auch Rassen, die nur 50 Eier im Jahr legen, und solche, bei denen die Legeleistung im Winter sogar ganz abnimmt. Auch unter den Zierrassen finden sich Hühner, die fast zweihundert Eier im Jahr legen können.

Manchmal sind zwei Dotter in einem Ei. Das kommt vor allem bei sehr jungen Legehennen vor.

Faszinierende Leistung: Über die ersten gelegten Eier der kleinen Gartengesellen freut man sich doch riesig.

Warm, frisch und super lecker: Eier von den eigenen Hühnern sind Landleben-Luxus pur.

Ei, wie hübsch

Die Größe, Form und Farbe der Eier fällt je nach Rasse sehr unterschiedlich aus. Es gibt schneeweiße Eier, cremefarbene und jedwede Brauntöne. Die Schale kann rauer oder glatter, stärker oder dünner beschaffen sein, der Dotter gelblich bis orangefarben ausfallen und das Eiklar wässrig bis dickflüssig sein. Auch die Formen reichen von fast runden Eiern bis hin zu relativ länglichen Produkten. Logischerweise legen Zwerghühner etwas kleinere Eier als ihre großen Artgenossen. In Qualität und Schmackhaftigkeit stehen diese Mini-Produkte den herkömmlichen Eiern aber in nichts nach. Im Gegenteil. Im Verhältnis zu ihrer Körpergröße legen die kleineren Rassen

namlich relativ große Eier. Zudem sind die Zwerghuhn-Produkte sehr hübsch anzusehen. Sie lassen sich auch wunderbar an Ostern zu ausgefallenen Schmuckstücken verarbeiten. Mit dem Legen beginnen Hennen etwa im Alter von 18 bis 20 Wochen. Dabei sind die ersten Produkte meist noch etwas kleiner als die späteren. Zu Beginn ist auch die Eifarbe intensiver. Je mehr Eier gelegt werden, desto heller wird deren Farbe. Das ist aber nicht negativ, denn inhaltlich werden die Legeprodukte dadurch nicht beeinflusst.
Die Legetätigkeit lässt mit zunehmendem Alter nach. Mit zwei bis drei Jahren wird sich die Zahl gelegter Eier verringern.

Farbenfrohe Hingucker: Hühnereier gibt es in vielen verschiedenen Tönen und Größen.

Eine große Besonderheit liefern die Araucana. Deren Eier sind nämlich türkisfarben und damit ein echter Hingucker.

*Auf solch weichem Untergrund legt sich's
gemütlich und die Eier bleiben heil.*

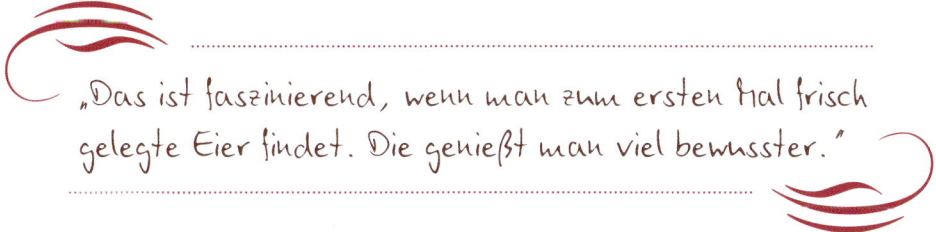

„Das ist faszinierend, wenn man zum ersten Mal frisch gelegte Eier findet. Die genießt man viel bewusster."

Geschickt gelegt

Hühner ziehen sich für die Eiablage gerne in geschützte, weiche Bereiche zurück. Mit kuschlig eingestreuten Legenestern bieten Sie Ihren kleinen Zweibeinern einen solchen Rückzugsort, an dem die Hennen in aller Ruhe legen können. Der weiche Untergrund ist außerdem wichtig, damit die Eier nicht wegrollen oder beschädigt werden.

Damit keine ungewollte Brut entsteht und keine Eier im Stall zurückbleiben, die dann verderben, sollten Sie nicht nur die Legenester täglich gut kontrollieren. Auch in geschützte Stallecken wird dann und wann ganz gern ein Ei gelegt. Vor allen Dingen junge Hennen sowie Tiere, die gerade neu in den Stall gekommen sind, benutzen nicht unbedingt auf Anhieb die angebotenen Legenester. Hier ist Nachsicht gefragt. Denn die Eiablage im gewünschten Bereich können Sie Ihren Tieren nicht beibringen. Dabei hilft es nur, die Legenester so attraktiv und gut zugänglich wie möglich zu gestalten. Benutzen Ihre Hennen die Nester trotzdem nicht, legen aber an einen bestimmten anderen Platz im Stall, können Sie versuchen, die Legenester dort zu integrieren. Ansonsten bleibt nur, sich nach den Tieren zu richten. Aber keine Panik: Die meisten Hennen nehmen die kuschlige Geborgenheit von Legenestern gern an.

Aus weniger mach' mehr

Das Legeverhalten lässt sich in gewissem Rahmen sehr gut beeinflussen. Neben der Fütterung von Legemehl spielen auch die Lichtverhältnisse eine gravierende Rolle. In Großbetrieben werden die Legehennen deshalb im Winter mit künstlichem Licht versorgt, um einen längeren Tagesablauf zu simulieren. Durch dieses „Sommer-Feeling" legen die Hennen deutlich besser.

Diese Methode können Sie natürlich auch auf Ihre kleinen Zweibeiner anwenden, wenn Sie eine Beleuchtung im Stall installieren. Auch die Temperatur wirkt sich entsprechend auf das Legeverhalten aus. Bei Kälte gehen die Eizahlen meist zurück.

Mit der Fütterung von Legemehl bzw. Legehennenalleinfutter können Sie die Legetätigkeit zudem erhöhen. Dieses sollte den Tieren ständig zur Verfügung stehen. Manch einer mag diesen Produkten skeptisch gegenüberstehen; schließlich hat's doch damals bei Opa auf dem Bauernhof nach Fisch gerochen … Doch an dieser Stelle kann ich Sie beruhigen: Die Verwendung von Tiermehlen und tierischen Fetten ist bei der Futtermittelherstellung mittlerweile verboten.

Gut bewahrte Vital-Nahrung

Eier enthalten sehr viele lebensnotwendige Stoffe. Ihr Gehalt an hochwertigem Eiweiß, gut verdaulichen Fettsäuren, Vitaminen und Spurenelementen ist im Vergleich zu anderen Nahrungsmitteln außergewöhnlich hoch. Eier sind also echte Power-Lieferanten. Auch wenn man einmal krank ist, gehören gekochte Eier zu den besten „Wieder-Fit-Machern".

Es stimmt, dass sehr frische Eier nicht so einfach zu schälen sind. Eischalen haben feinste Poren, über die Flüssigkeit verdunstet. Direkt nach dem Legen „klebt" das Innere bei gekochten Eiern also noch förmlich an der Schale.

Gütebestimmung für garantierten Genuss

Ein gutes Ei hat eine feste, riss- und sprungfreie Schale. „Angeknackste" Eier sollten Sie nicht verwenden, da über die Öffnungen Bakterien und Schadstoffe ins Innere gelangt sein könnten. Auch stark verschmutzte Eier können unter Umständen belastet sein. Zeitnah aus dem Stall geholte Produkte, die bei geringer Verschmutzung leicht abwaschbar sind, können jedoch sorglos verspeist werden. Der Geruch eines gesunden Eis ist frisch und im Rohzustand relativ neutral.

Eine goldgelbe Dotterfarbe und klares Eiklar stehen für gute Qualität. An einer helleren Dotterfarbe ist aber in Bezug auf den Verzehr nicht unbedingt etwas auszusetzen. Die Dotterfarbe wird nämlich von im Futter enthaltenen Karotinoiden bestimmt. Nehmen die Tiere nur geringe Mengen dieses natürlichen Farbstoffs auf, kann davon auch nicht viel in den Dotter gelangen.

Lagerung und Frischetest

Gekühlt gelagert, können Eier bis zu vier Wochen frisch bleiben. Da die Schale durchlässig ist, nehmen Eier sehr schnell den Geruch von nebenliegenden Lagerprodukten an. Um zu vermeiden, dass Sie „Käse-" oder „Zwiebeleier" bekommen, sollten Sie die Eier separat von geruchsintensiven Lebensmitteln im Kühlschrank lagern.

Die Frischeperiode können Sie zudem positiv beeinflussen, wenn Sie die Eier mit der enthaltenen Luftblase nach oben lagern, das heißt: mit dem spitzeren Ende nach unten. Ansonsten kann es passieren, dass die Luftblase nach oben wandert und damit die innere Haut von der Schale löst. Dann können sich Gerüche besonders schnell im Ei ausbreiten und auch die Gefahr von Keimbefall erhöht sich. Davon, dass die Eier im Supermarkt meist trotzdem mit der „Spitze" nach oben angeboten werden, sollten Sie sich nicht irritieren lassen. Das liegt vornehmlich daran, dass sie so etwas fester und bruchsicherer in der Packung liegen, vor allem bei gestapelten Produkten.

Die Frische eines Eis können Sie ganz leicht testen. Legen Sie das Ei einfach in ein Wasserbad. Bleibt es ganz am Boden, ist es sehr frisch. Zieht die enthaltene Luftblase die stumpfe Seite leicht nach oben, ist das Ei ein bis zwei Wochen alt. Schwimmt das Ei, ist es überaltert und bereits sehr viel Luft ins Innere gelangt.

Auch im aufgeschlagenen Zustand lässt sich das Alter grob ermitteln. Bei sehr frischen Eiern wölbt sich der Dotter deutlich, während das Eiklar um ihn herum relativ dick ist und dicht um den Dotter bleibt. Je älter ein Ei ist, desto flacher wird der Dotter und desto weiter fließt das Eiklar von ihm weg.

Eier, die ein bisschen Erde oder Kot abbekommen haben, können unter klarem Wasser gereinigt werden. Der Schmutz sollte sich leicht lösen.

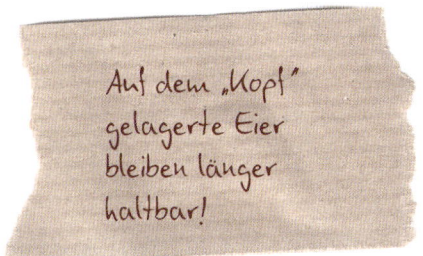

Auf dem „Kopf" gelagerte Eier bleiben länger haltbar!

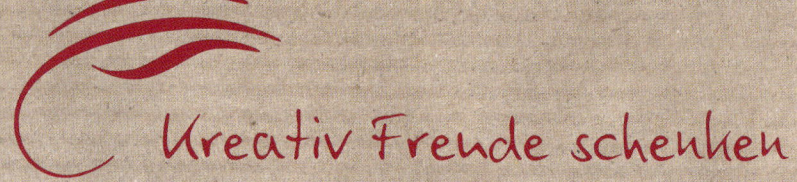

Kreativ Freude schenken

Sicherlich freuen sich Ihre Nachbarn und Bekannten auch über frische Hühnereier in normalen Schachteln. Doch wenn Sie jemandem eine besondere Freude machen oder einen echten Hingucker fabrizieren möchten, können Sie mit diesen wunderbaren Geschenkideen verzaubern.

Hühner-Nest

Eine hübsch gebettete kleine Hühnerherde, wahrhaftig zum Anbeißen, ist schnell hergestellt. Mit Lebensmittelfarbe die Gesichter skizziert, an die Seiten der Eier jeweils Federn geklebt und die hübschen Mini-Hennen in einem passenden Nest drapiert. So schnell haben Sie ein super-süßes Geschenk erstellt.

Achtung: Eierschalen sind durchlässig. Deshalb sollten Sie Klebstoffe nur dann verwenden, wenn die Eier ausgepustet sind und nur zur Zierde dienen. Bei Eiern, die essbar bleiben sollen, können Sie Tesafilm verwenden, wenn dieser bald wieder entfernt wird. Oder Sie ordnen die Eier so an, dass die Flügel gut zwischen ihnen festgesteckt werden können.

Alle Verschenkideen sind am besten mit hartgekochten Eiern zu realisieren, vor allem, wenn Sie mit (Lebensmittel-)Farbe arbeiten.

Küken-Kästchen

Wieso nur Eier verschenken, wenn Sie
gleich eine ganze Hühnerfamilie präsen-
tieren können? Hierfür benötigen Sie
saubere Schalen von hartgekochten
großen Eiern. Diese einfach von unten
und oben auf etwas kleinere Produkte
setzen und diese mit ein paar Tupfen
Lebensmittelfarbe zu schlüpfenden
Küken machen. Eine besonders gute
Wirkung erzielen Sie, wenn sich die
kleinen Eier von den Schalen farblich
unterscheiden.

Zur Krönung des Ganzen können Sie der
Eierschachtel noch einen Hennen-Look
verpassen; Wow-Effekt garantiert.

Gläserne Gacker-Produkte mit gutem Geruch

Eier im Glas mal ganz anders.
Für dieses Geschenk sollten Sie
auf jeden Fall Behältnisse
verwenden, aus denen sich die
Eier bruchsicher wieder ent-
nehmen lassen.

Das Ganze lässt sich sehr gut mit
allen Materialen verzieren, die
den Eiern keinen Schaden zufü-
gen. Wenn Sie Gewürze bei-
geben, nehmen die Eier bei län-
gerem Kontakt übrigens deren
Geruch bzw. Geschmack an.

Hallo, Huhn!

Die tägliche Beschäftigung mit Ihren Hühnern wollen Sie bestimmt nicht auf das Nötigste reduzieren, sondern sich sicherlich auch daran erfreuen. Es ist nicht nur die Zufriedenheit über frische Eier und die belebende Wirkung des täglichen Aufenthalts an der frischen Luft, die Hühnerhalter genießen können. Die kleinen Zweibeiner geben sehr unterhaltsame Gartengefährten ab, mit denen sich durchaus auch einfach mal nur Spaß haben lässt.

Ein kleines Fleckchen purer Ruhe und Vollkommenheit: Das halten die kleinen Zweibeiner stets für Sie bereit.

Auf du und du mit den neuen Gartenbewohnern

Zu Anfang werden Ihre gefiederten Gartenfreunde noch sehr zurückhaltend und scheu sein. Wie ängstlich sich die Tiere verhalten, hängt vor allen Dingen von ihrer Herkunft ab. Jungtiere, die beim Züchter aufgewachsen sind, haben sich bereits an den Kontakt mit Menschen gewöhnen können. Legehennen dagegen, die aus einem großen Aufzuchtbetrieb stammen, hatten bis dato viel seltenere und zudem meist weniger „erfreuliche" Begegnungen mit unserer Spezies.

Der Einzug ins neue Zuhause

Lassen Sie Ihren Tieren Zeit, sich einzugewöhnen. Am besten setzen Sie sie in der abendlichen Dämmerung in den neuen Stall. Bei Dunkelheit verhalten sich Hühner allgemein etwas ruhiger. Damit sie ihre neue Umgebung erst einmal richtig und „gefahrlos" kennenlernen können, kann es zuträglich sein, den Zugang zum Freilauf vorerst geschlossen zu halten. Je weniger neuer Raum sie umgibt, den es erst einmal einzuschätzen und zu erkunden gibt, desto schneller werden sich die Hühner beruhigen. Machen die kleinen Zweibeiner schließlich einen gelasseneren Eindruck und finden sich im Stall gut zurecht, können Sie die Freilaufmöglichkeit anbieten.
Wenn Sie so vorgehen, geben Sie den Hühnern durch den bereits bekannten Stall eine sichere Rückzugsmöglichkeit. Damit gestalten sich die ersten Erkundungstouren in den Freilauf etwas entspannter.

Bitte anklopfen – Stallbesuch beim Familien-Neuzugang

Der Stall soll ein vertrauter, sicherer Ort der Geborgenheit sein. Dann fühlen sich Ihre kleinen Zweibeiner so richtig wohl und behütet. Damit dieses Sicherheitsgefühl gleich von Anfang an bestärkt wird, ist es am besten, wenn Sie sich beim Betreten des Hühnerheims ruhig verhalten.

Wer solche Leckereien anbietet, kann einem gar nichts Böses wollen. Mit schmackhaftem Futter machen Sie Ihre neuen Gartenbewohner wortwörtlich im Handumdrehen zutraulich.

Hat der Stall eine Tür, durch die Sie von außen nicht hinein- und die Tiere von innen nicht hinaussehen können, ist Etikette eine gute Sache. Nicht, weil sich Ihre „Mädels" vielleicht noch schnell frischmachen wollen. Durch das Anklopfen bereiten Sie Ihre Hühner auf Ihren Besuch vor. Zudem können Tiere, die vielleicht gerade direkt an der Tür saßen, rechtzeitig einen sicheren Platz aufsuchen.

Vertrauen geben und Zuneigung wecken

Hühner sind sensible Schleckermäulchen. Das beste Mittel zur freundschaftlichen Annäherung an Ihre kleinen Gartengefährten ist also richtig leckeres Futter, das Sie ganz vorsichtig anbieten. Lassen Sie die gefiederten Tiere aus freien Stücken zu sich kommen und verhalten Sie sich dabei ruhig. Das erfordert etwas Geduld. Hühner sind zwar Leckerbissen-Liebhaber, aber auch relativ schreckhaft. Vor allem wenn Sie Kinder haben, sollten Sie ihnen das im Vorfeld deutlich machen.

Es kann – verständlicherweise – sehr verlockend sein, die Hand nach einem Huhn auszustrecken, das sich endlich getraut hat, sich seinem neuen Besitzer zu nähern. Doch solch einschüchternde Gesten verzögern den Aufbau von Vertrauen. Nehmen Sie's mit Gelassenheit. Dann werden Ihre Hühner bald so zutraulich werden, dass Sie sie auch streicheln und später sogar auf den Arm nehmen können.

Mucksmäuschenstill müssen Sie sich dabei aber nicht verhalten. Reden Sie mit ruhigem Tonfall mit Ihren neuen Gartengefährten. Dann gewöhnen sie sich schnell an Ihre Stimme.

Richtig tolle Genießer-Stunden

Kein Stress, kein Gedanke an den Arbeitsalltag, nichts zu Erledigen: Sie sitzen auf einem Strohballen, blicken in den Sonnenuntergang und lassen Ihre Fingerspitzen über weiches, warmes Gefieder streichen. Leises Glucken umgibt Sie – und ein Gefühl von sicherer, tiefer Naturverbundenheit und Zufriedenheit.

Hühner haben neben leckeren, nährstoffreichen Produkten noch so viel mehr zu bieten. Sie können zu anhänglichen Begleitern werden, die Ihnen Ausgleich schenken und jeden Tag mit schöner Beschäftigung bereichern.

Aufgeweckte Zuhörer

Hühner haben zwar keine Ohrmuscheln, können aber trotzdem sehr gut hören, was sie für die Verständigung untereinander rege nutzen. Schweigsame Hühner wird man wohl kaum finden, denn die meisten Tätigkeiten begleiten sie mit leisen Gackerlauten, über die sie sich den anderen Hühnern mitteilen.

Um für Ihre kleinen Zweibeiner ein vertrauter Partner zu werden, müssen Sie aber nicht gackern. Bleiben Sie bei Ihrer eigenen Sprache. Die genügt vollauf, um mit den kleinen Zweibeinern zu kommunizieren. Und das geht im Übrigen sehr gut. Wenn Sie immer den gleichen Lockruf verwenden, wenn es an die Fütterung geht, werden Ihre Hühner bald direkt auf das Kommando zur Futterstelle bzw. zu Ihnen kommen. Zudem können Sie durch das Reden mit Ihren Tieren deren Zutrauen bestärken. Das kann sich insbesondere in Stresssituationen, beispielsweise wenn Sie einmal ein Tier transportieren müssen, positiv auswirken.

Mit ein wenig Geduld werden Ihre Hühner schon bald ihre Unsicherheit verlieren und ihrer Neugierde nachgeben.

Genau ins Visier genommen

Ihre Hühner laufen völlig verteilt und auf ihre eigenen Tätigkeiten konzentriert durchs Gras, als hätten sie gerade nichts miteinander zu tun? Der Schein trügt. Die kleinen gefiederten Tiere haben sich nämlich gegenseitig ziemlich gut im Auge. Insbesondere, wenn Sie einen Hahn halten, wird dieser ständig damit beschäftigt sein, seine „Mädels" als Beschützer zu überwachen. Das hat er selbst dann ganz gut drauf, wenn er gerade frisst oder konzentriert wirkt. Nicht zu vergessen ist die „sprachliche" Kommunikation, die fast permanent stattfindet.

Über visuelle Signale können Sie mit Ihren Lieblingen deshalb auch sehr gut in Kontakt treten. Die Tiere werden recht zügig lernen, sich an verschiedenen Gesten Ihrerseits zu orientieren. Gehen Sie in die Knie und strecken Sie die Hand aus, werden zutrauliche Hühner aus Neugierde auf Sie zukommen. Vielleicht haben Sie leckeres Futter dabei. Oder der Sprung auf Ihr Knie führt zu einer kleinen Streicheleinheit.

Genauso werden Ihre Hühner lernen, Lockgesten von Ihren geschäftigen Bewegungen, beispielsweise bei der Stallreinigung, zu unterscheiden und Ihnen dann gekonnt aus dem Weg gehen. Sehr anhängliche Tiere hält allerdings auch das manchmal nicht davon ab, sich Ihnen zu nähern. Also vorsichtig sein, denn es kann durchaus sein, dass ein „Schnuckel"-Fan Ihnen trotzdem auf die Pelle rückt.

„Der Henry ist total anhänglich. Manchmal nervt das schon, wenn man gerade was erledigen muss. Aber süß ist es halt auch."

– Joanna –

Diese Henne bekommt trotz vermeintlicher Abkapselung vom Rest der Gruppe alles ganz genau mit.

Durch dick und dünn –

ein Hühnerleben lang

Neben den alltäglichen und regelmäßigen Dingen, die die Hühnerhaltung mit sich bringt, gibt es immer wieder besondere Situationen. Diese können positiv sein, wie die Integration neuer Tiere, lustig, wie die Geschichten über ausgebüxte und eingefangene Rabauken, oder auch ernsthaft, wie Überlegungen zur Handhabung kranker oder alter Tiere.

Auf der sicheren Seite

Es gibt einige gesetzliche Regelungen und Bestimmungen, die Sie unbedingt beachten sollten, wenn Sie Hühner halten möchten. Hierzu gehören neben baurechtlichen einige tierschutzrechtliche Vorschriften. Letztere dienen dem Wohlergehen der Tiere und sind deshalb auch in Ihrem eigenen Interesse.

Mal wieder beim Nachbarn gewesen?
Gut, wenn der die kleinen Zweibeiner
genauso ins Herz geschlossen hat wie Sie.

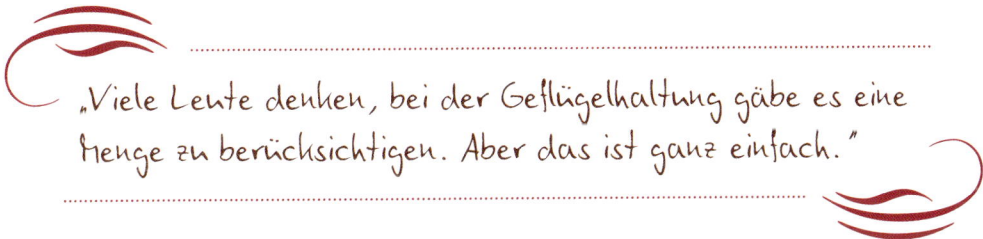

„Viele Leute denken, bei der Geflügelhaltung gäbe es eine Menge zu berücksichtigen. Aber das ist ganz einfach."

Vorgeschriebene Tierschutzmaßnahmen

Zum Schutz gegen Seuchen besteht für jedes gehaltene Huhn eine Meldungspflicht beim zuständigen Veterinäramt. Hier müssen Name und Anschrift des Halters, die Anzahl und Art der Tiere sowie die Nutzungsart und der Standort der Tierhaltung hinterlegt werden. Außerdem muss die Hühnerhaltung bei der Tierseuchenkasse gemeldet werden. Meist ist diese Anmeldung bei kleinen Tierbeständen kostenlos.

Bei hohem Tierverlust bzw. außergewöhnlicher Veränderung in Futteraufnahme und Legeverhalten sind Sie als Hühnerhalter verpflichtet, einen Tierarzt zu konsultieren, der Ihre kleinen Zweibeiner auf das Vogelgrippe-Virus testet. Einmal im Jahr sollten Ihre Tiere außerdem gegen diese Krankheit geimpft werden.

Bauen ohne Grenzwertigkeit

Ein kleiner und / oder portabler Hühnerstall stellt in der Regel kein Problem dar. Wenn Sie allerdings einen fest installierten Stall errichten möchten, sollten Sie sich vorher unbedingt beim örtlichen Baurechtsamt über dessen Zulässigkeit erkundigen. Je nach Gebiet, können die Vorschriften zur Bebauung, Erhaltung des Landschaftsbildes sowie des Nachbarrechts variieren.

Geschickt gehandhabt

Neben dem alltäglichen Umgang mit den Tieren werden Sie sicherlich dann und wann in Situationen geraten, die besonderes Handling erfordern.

Bei so menschenbezogenen Hühnern wie diesem, ist das Handling überhaupt kein Problem.

Kleiner Zweibeiner auf Reisen

Falls Sie einmal eines Ihrer Hühner transportieren müssen, genügt für kurze Strecken ein Karton mit kleinen Luftlöchern. Für längere Strecken ist eine Transportkiste besser geeignet. Ideal ist eine Holzbox, die Sie ganz leicht selbst herstellen können. Sie sollte einen klappbaren Deckel haben und im oberen Drittel Lüftungsschlitze. Eine Einlage aus Holzspänen sorgt dafür, dass Huhn und Kiste nicht verschmutzt werden, denn Hühner geben im Stress meist dünnflüssigen Kot ab.

Ein Ring, sie zu unterscheiden

Nur wenn Sie mit Ihren Lieblingen an Ausstellungen teilnehmen, müssen die Hühner mit einem Ring gekennzeichnet sein. Ansonsten können Sie Ihre gefiederten Freunde getrost „nacktbeinig" herumlaufen lassen.
Wenn Sie mehrere gleich aussehende Tiere haben, können Sie eine Beringung aber sehr gut zur besseren Unterscheidung der Hühner einsetzen. Hierfür gibt es bequeme, bunte Kunststoffringe in verschiedenen Größen. Kleinere Packungen kosten meist nicht mehr als zwei oder drei Euro.
Bei federfüßigen Arten sollten Sie – wenn überhaupt – spezielle Ringe verwenden. Der Züchter kann Ihnen über passende Ringgrößen sowie die Beringung besonderer Arten Auskunft geben.

Neue Stallgefährten

Wenn Sie weitere Hühner zu Ihrer bereits bestehenden Gruppe hinzufügen möchten, sollten Sie allen Tieren die Chance geben, sich erst einmal aneinander gewöhnen zu können. Für eine sanfte Annäherung können Sie neue Hühner zunächst in einem separaten Stall- bzw. Auslaufteil halten. Dann haben die Tiere die Möglichkeit, sich erst einmal gegenseitig unter die Lupe zu nehmen, sich die Laute der anderen und ihren Geruch einzuprägen. Neuzugänge setzen Sie am besten abends mit in den Stall, wenn sich die Hühner ruhig verhalten.

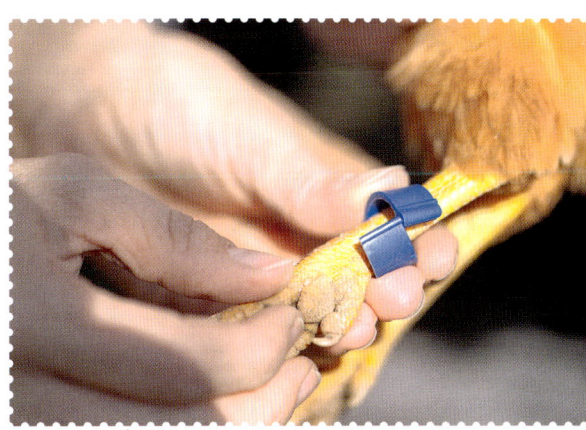

Die Kennzeichnung mit solchen Kunststoffringen geht ganz einfach, tut nicht weh und schränkt das Tier nicht ein.

Allzeit bereit, das Beste zu tun

Sie lieben Tiere und möchten, dass Ihre kleinen Zweibeiner ein schönes Leben haben? Dazu gehört nicht nur die Pflege, sondern auch die Fähigkeit, richtige Entscheidungen zugunsten der Hühner zu treffen. Denn Tierliebe bedeutet, das Beste für sein Tier zu tun.

Von Grund auf gut gewappnet

Vorbeugung ist die beste Maßnahme gegen unschöne Erlebnisse. Sauberkeit, Pflege und gesundheitsfördernde Versorgung bieten eine gute Grundlage für ein schönes und glückliches Hühnerleben.

Wer die Wahl hat ...

... hat tatsächlich manchmal die Qual vor Augen. Die Auswahl der Tiere spielt in Bezug auf ein tolles Leben mit den kleinen Zweibeinern eine entscheidende Rolle. Jungtiere, die fit und kräftig sind, haben eine höhere Lebenserwartung als Hühner, die bereits in jungem Alter einen kränklichen und schwachen Eindruck machen. Es ist nicht leicht, sich beim Anblick solcher Tiere zurückzuhalten, aber Sie sollten auf keinen Fall vergessen, sich vor Augen zu halten, was auf Sie zukommt – je nachdem, für welche Gartengefährten Sie sich entscheiden. Eventuell bestehende Krankheiten können sich nämlich auch auf fidele Tiere übertragen. Das gilt nicht nur bei gemeinsa-

mer Haltung. Auch bei aneinander grenzenden Ställen oder über Ihre Kleidung und Haut kann dies geschehen.

Wenn Sie dennoch schwachen Hühnchen ein Zuhause bieten wollen, ist es sehr ratsam im Vorfeld einen Tierarzt zu konsultieren. Falls die Schwäche nicht an einer übertragbaren Krankheit liegt, sondern beispielsweise an einer Unterentwicklung, gibt es Möglichkeiten, auch solche gefiederten Zweibeiner zu halten. Aber wie gesagt: Machen Sie sich bitte bewusst, was auf Sie zukommen kann. Denn Sie sind, sobald sie ein Huhn erworben haben, für dessen Wohlergehen verantwortlich.

Gesundheit in guten Händen: Wer sich für Hühner entscheidet, die fit sind, hat schöne Aussichten auf ein langes, glückliches Miteinander.

Klar erkannt ist bald gebannt

Eine immerwährende Vermeidung von Krankheiten und Schädigungen kann aber mit keinen
Mitteln gewährt werden. Deshalb ist es gut,
wenn Sie Situationen, in denen Handlungsbe-
darf besteht, möglichst schnell erkennen.

Außenparasiten – lästige kleine Biester

Rechtzeitig erkannter Parasitenbefall ist
schnell gebannt. Außerdem können Sie Milben,
Läusen, Flöhen und Co. durch Reinigungs-
und Desinfektionsmaßnahmen (siehe Seite
73) sehr gut vorbeugen. Ein Sandbad bietet
den Hühnern zudem die Möglichkeit, sich
selbst von den lästigen Bewohnern ihres Gefie-
ders freizuhalten.

Auf Außenparasiten können Sie Ihre kleinen
Zweibeiner leicht testen, indem Sie das Gefieder der Tiere anheben, sodass Sie bis auf die
Haut blicken können. Besonders im Bereich
um die Kloake sind solche Kontrollen wichtig,
da sich hier bevorzugt Flöhe einnisten. Ist das
Gefieder rein und unverklebt, ist alles in bes-
ter Ordnung.

Im Stall nisten sich Parasiten bevorzugt in Ritzen, aber auch auf den Sitzstangen und in den
Legenestern ein, weshalb diese bei der Reinigung nicht vernachlässigt werden sollten
(siehe Seite 69ff.). Milben erkennen Sie an
Ansammlungen vieler kleiner, dunkler Punkte.
Es gibt auch Milben, die sich bevorzugt an den
Beinen der Tiere aufhalten, sogenannte Fuß-
räudemilben. Reiben Sie die Füßchen Ihrer
kleinen Zweibeiner mehrmals mit Babyöl ein.
Dann ersticken die lästigen Mitbewohner unter
der Ölschicht.

*Blick in die Tiefe: So sieht ein gesundes
Gefieder ohne Schäden oder Belastungen
durch Parasiten aus.*

Bei Parasitenbefall im Gefieder sowie bei
Milbenbefall an den Beinen, der durch die
Ölbehandlung nicht zu beseitigen ist, ist der
Besuch beim Tierarzt angesagt. Dort erhalten
Ihre Lieblinge Präparate, die zu einer raschen
Beseitigung der kleinen Biester führen. Handeln Sie hier möglichst schnell. Je länger Sie
warten, desto größere Torturen müssen Ihre
Hühner über sich ergehen lassen und desto
kostspieliger wird die Behandlung. Wer zeitnah die Hilfe eines Tierarztes in Anspruch
nimmt, hat bald wieder glückliche Hühner
und zudem mehr im Geldbeutel, als bei
langem Warten.

Innenparasiten – fast ständige Körperbewohner
Es mag erst einmal schlimm klingen, dass es kaum Hühner gibt, die keine Würmer haben. Doch diese Innenparasiten sind trotz der besten Pflege nicht vermeidbar und in normalem Rahmen auch nicht weiter schlimm.
Da Hühner scharren und damit Erde sowie diverse Kerbtiere aufnehmen, ist ein Wurm-befall kaum vermeidbar. Unter „normalen" Umständen beeinträchtigt das die Tiere nicht. Und keine Bange: Die Eiqualität leidet nicht darunter und auch die Übertragung auf den Menschen ist eher unwahrscheinlich.
Um den Spul- und Haarwürmerbefall in Grenzen zu halten bzw. zu vermeiden, ist eine vierteljährliche Entwurmung eine gute Lösung.

Das sieht gut aus. Die regelmäßige Kontrolle auf Fitness und gesundes Aussehen ist wichtig.

Entsprechende Präparate erhalten Sie beim Tierarzt. Diese Mittel sind ziemlich kostengünstig und können über das Trinkwasser der Tiere ganz stressfrei verabreicht werden.

Marek'sche Krankheit und Kokzidiose

Die Marek'sche Krankheit führt zu Lähmungen der Beine und / oder Flügel. Sie tritt meist bei Jungtieren auf und kann durch die körperlichen Einschränkungen durch die gehinderte Futter- und Wasseraufnahme bis zum Tod führen. Es gibt Rassen, die für diese Krankheit besonders anfällig sind, während sie bei anderen selten auftritt.

Die beste Methode zur Verhinderung ist die Impfung von Eintagsküken. Mit diesem Impfschutz sind die Tiere gegen die Krankheit ein Leben lang geschützt. Ein fürsorglicher Züchter wird dies vornehmen, bevor Sie die Tiere beziehen.

Kokzidiose ist eine Krankheit, die vor allen Dingen bei bestimmten klimatischen Bedingungen in Erscheinung treten kann. Feuchte Hitze begünstigt die Infektion von Hühnern. In schlecht belüfteten Ställen sowie bei Wärme, die auf starke Regenfälle folgt, erhöht sich die Wahrscheinlichkeit des Auftretens dieser Krankheit. Anzeichen für Kokzidiose sind, neben struppigem Gefieder und geringer Aktivität der Tiere, oft Durchfall und dadurch verklebte Kloaken.

Beim Tierarzt erhalten Sie Präparate, mit denen auch diese Krankheit sehr schnell bekämpft werden kann. Sie können auch, um auf Nummer sicher zu gehen, eine regelmäßige Kur gegen Kokzidiose durchführen.

Gesundheits-Check der kleinen Zweibeiner

Folgende Merkmale weisen gesunde und fidele Hühner auf:

+ klare Augen, aufmerksamer Blick

+ glattes, glänzendes und verletzungsfreies Gefieder mit angelegten Flügeln

+ hellrote und gut durchblutete Kehl- und Kammlappen

+ saubere, feuchte, rosafarbene Kloake

+ saubere und gerade Beine

+ fester, kräftiger Schnabel ohne Verformungen, Zuwüchse oder Ausfluss; die Rachenschleimhaut ist hellrot

+ dickflüssiger, regelmäßig abgesetzter Kot

Klare, wache Augen sprechen für einen guten Gesundheitszustand.

Newcastle-Krankheit – direkt verhindert

Die Newcastle-Krankheit, besser bekannt als Geflügelpest, ist eine schwerwiegende Viruserkrankung, die leider nicht behandelt werden kann. Das sollte Sie jedoch nicht gleich abschrecken, denn aus selbigem Grund besteht eine Impfungspflicht gegen die Krankheit. Wird dies vernachlässigt und die Hühner stecken sich damit an, sind Atembeschwerden und grüner, flüssiger Durchfall das Resultat. Jeder seriöse Züchter und wohlwollende Halter wird aber gegen diese Krankheit vorbeugen.

Gegen die Newcastle-Krankheit können die Tiere sehr leicht mit einer Schluckimpfung immunisiert werden. Diese sollte zur Prophylaxe vier Mal jährlich über das Trinkwasser verabreicht werden.

Ein solch prachtvolles Gefieder und die Tiergesundheit bewahren Sie, wenn Sie bei Verletzungen schnell handeln.

Verletzungen – schnelles Vorgehen gegen radikales Hühnerverhalten

Verletzungen, sofern es sich um kleinere Blessuren handelt, sind an sich schnell verheilt. Doch so süß Ihre Lieblinge auch sein mögen: Hühner weisen ein Verhalten auf, das für uns Menschen sehr skurril anmuten mag. Hühner sind nicht nur Allesfresser, sondern auch kannibalistisch veranlagt und haben deshalb keine Skrupel an einem Artgenossen zu picken, wenn dort „schon mal der Anfang gemacht" wurde.

Wenn eines Ihrer Hühner also eine Wunde hat (was übrigens auch für eine gereizte bzw. gerötete oder blutige Gloake gilt), werden die anderen sehr wahrscheinlich beginnen, an der entsprechenden Körperstelle ihres Kumpanen herumzupicken, was im schlimmsten Fall tödlich ausgehen kann.

Bitte nehmen Sie das Ihren Hühnern aber nicht krumm. Es gehört zu ihrem natürlichen Verhalten. Um solchen Situationen vorzubeugen, sollten Sie also ein verletztes Tier, auch bei kleineren Blessuren, vom Rest der Hühner trennen, bis die Wunde vollständig verheilt ist.

Bei Brüchen oder größeren Verletzungen sollten Sie unbedingt einen Tierarzt aufsuchen. Hühnerknochen sind nicht unbedingt leicht zu verarzten.

Bei solch schwerwiegenden Verletzungen von Federvieh sind oft nur mühsame Pflege oder eine Entscheidung gegen das Leiden der Tiere die einzigen Optionen.

Da klemmt was – Legenot

Es kann passieren, dass eine Henne ein Ei nicht legen kann, weil dieses eine untypische Form aufweist, quer liegt oder schlichtweg zu groß ist. Anzeichen dafür sind, dass das Tier nervös und unruhig ist, einen Buckel bei ungewöhnlich aufrechter Körperhaltung macht und die Flügel dabei hängen lässt.

Durch vorsichtige Bauchmassagen oder einen Einlauf mit Pflanzenöl kann sich dieses Problem eventuell beheben lassen. Wenn Sie bei diesen eigenständischen Behandlungsmaßnahmen unsicher bzw. ungeübt sind, sollten Sie auf jeden Fall einen Tierarzt aufsuchen. Das gilt auch, wenn durch diese Methoden keine Abführung des Eis stattfindet.

Im besten Sinne für das Tier

Kein Lebewesen bleibt ewig. Es wird auch bei der Haltung von Hühnern Tage geben, an denen Sie Entscheidungen treffen oder Gegebenes hinnehmen müssen. Ein Tier, das sich quält und keine Aussichten auf Besserung hat, sollten Sie von seinem Leid erlösen.

Ob Sie das eigenständig können, jemanden kommen lassen oder zum Tierarzt fahren, bleibt Ihnen überlassen. Die Natur bereichert uns mit so viel Wunderbarem, aber sie verlangt auch, dass wir uns respektvoll gegenüber dem Leben verhalten, statt egoistisch zu denken. Ein guter und wohlwollender Tierhalter wird das können.

Falls Sie sich von einem Ihrer gefiederten Lieblinge verabschieden müssen, dürfen Sie dieses Tier übrigens im eigenen Garten beerdigen. Falls Sie das nicht möchten, nimmt der Tierarzt es entgegen. Auch Landwirte, die immer wieder Tierverluste haben, die dann von zuständigen Unternehmen abgeholt werden, sind eine Möglichkeit.

„Klar ist das nichts für Weichlinge. Manchmal muss man einfach hart sein, damit man das Beste für's Tier tut. Das ist die Natur."

So sehr man
die Tiere auch liebt:
Gerade deshalb sollte man
stets in ihrem Sinne
handeln – auch, wenn
das nicht immer
leichtfällt.

Blödes Huhn und spinnender Gockel

Manchmal zeigen Hühner Verhaltensmuster, die uns Menschen sehr merkwürdig erscheinen können. Meist hat dies einen bestimmten Grund, beispielsweise eine falsche Fütterung. Durch die Bekämpfung der Ursachen lassen sich viele unerwünschte Verhalten zum Positiven steuern.

Seltsames Interesse an der eigenen Sippe

Es mag zu Beginn belustigend aussehen, wenn ein oder mehrere Tiere am Gefieder ihrer Mitbewohner picken. Doch das ist kein gegenseitiges „Lausen", sondern leider ein Verhalten, das schlimme Folgen für die betroffenen Tiere haben kann.

Federpicken
Je nach Ausmaß kann dies zu starken Gefiederschädigungen bis hin zu Hautverletzungen oder sogar Kannibalismus (siehe nächster Abschnitt) führen. Leider sind die Ursachen für dieses Verhalten sehr schwer zu bestimmen. Mögliche Gründe können Nährstoffmangel (vor allem an Kalzium, Natrium, Vitaminen und essenziellen Fettsäuren), Langeweile, Platzmangel, das Fehlen eines Hahns sowie die genetische Veranlagung sein.
Maßnahmen zur Bekämpfung dieses Verhaltens sind folglich die Korrektur der Haltungs- und Fütterungsbedingungen sowie die Separation der pickenden Tiere vom Rest der Gruppe. Letztere ist immens wichtig, weil Hühner ihre Artgenossen gerne nachahmen. So kann es passieren, dass ein einziges Huhn den Rest der Gruppe zum gleichen unerwünschten Verhalten „anstachelt".

Lecker Hühnchen auf sehr skurrile Weise
Kahle oder gereizte Hautstellen sowie offene Wunden erregen bei den anderen Tieren leider kein Mitleid. Im Gegenteil. Meist wird sich die gesamte Gruppe mit großem Interesse daran machen, den betroffenen Artgenossen zu picken, was selbst kleine Blessuren schnell zu bedrohlichen und schmerzhaften Verletzungen werden lässt. Ohne Ihr Eingreifen, werden die anderen Hühner vermutlich nicht locker lassen – was leider meist tödlich endet.
Verletzte Tiere sollen Sie unbedingt von der Gruppe trennen und erst nach einer erfolgreichen Behandlung wieder integrieren. Durch Beschäftigungsmaßnahmen der restlichen Tiere (siehe Seite 64/65), können Sie verhindern, dass diese auf „dumme Gedanken" kommen.

Attacken und zerhackte Eier

Natürlich sollte Ihr morgendlicher Gang zum Stall nicht daraus bestehen, einem angriffswütigen Hahn auszuweichen, um dann festzustellen, dass Ihre eigenen Hühner Ihnen die Eier vor der Nase weggefuttert haben. Diese Verhaltensweisen sind für die Tiere nicht negativ, aber für uns Menschen doch ziemlich lästig.

Selbstgelegte LeckerEi

Warum genau Hühner ihre eigenen Eier fressen, ist nicht bekannt. Es wird aber vermutet, dass die Tiere meist durch Zufall, etwa ein angebrochenes Ei, auf den Geschmack kommen.

Vorbeugung ist hier die beste Methode: Die Legenester sollten so ausgestattet sein, dass ein Brechen der Schalen vermieden wird. Auch Legenester, aus denen die Eier abrollen und damit außer Reichweiter der Hühner gelangen, sind eine gute Lösung. Auch die Fütterung macht's: Eine gute Ernährung vermindert das Risiko weicher Eischalen. Wer Kalzium über Schalenreste an die Tiere verfüttern will, gräbt sich schnell selbst eine Grube. Dadurch, wie auch durch die Fütterung anderer Eibestandteile, bringen Sie die kleinen Zweibeiner womöglich erst auf den Geschmack.

Vehemente Verteidiger

Manche Hähne, aber auch einige Hennen, neigen dazu, ihr Revier bzw. ihre Gruppe aufs Äußerste zu verteidigen. Solche Situationen können Sie von Anfang an vermeiden, indem Sie ausgeglichene, menschenfreundliche Tiere von einem kompetenten Züchter beziehen. Auch die regelmäßige Beschäftigung mit den Hühnern und ein vertrauensbestärkender Umgang (siehe Seite 84ff.) können zu positivem Verhalten gegenüber dem Menschen beitragen.

Geraten Sie dennoch an einen Rabauken, der partout auf Sie oder Ihre Mitmenschen losgeht, hilft Ablenkung. Lässt sich Ihr Wildfang nicht über leckeres Futter „beiseiteschaffen", kann ein kleiner, separater Stall- bzw. Auslaufbereich dienlich sein, in den Sie das Tier locken. Dann können Sie sich in Ruhe mit dem Rest der Gruppe beschäftigen.

Angriffslustige Streithähne sperrt man für die entspannte Begehung von Stall und Freilauf am besten solange in einen separaten Bereich.

Guck' mal, was da gackert!

Küken sind wahnsinnig putzig. Wer einmal eines der kleinen Federtiere auf der Hand hatte, weiß, wie zerbrechlich, weich und faszinierend die Hühner-Kinder sind. Doch sie werden auch unglaublich schnell groß. Binnen sechs bis acht Wochen verwandeln sich die winzigen flauschigen Zweibeiner zu sehr ansehnlichen, völlig eigenständigen Jungtieren.

Warm und sicher – von der Befruchtung bis zum Küken

In einem befruchteten Ei kann sich nur dann ein Küken entwickeln, wenn das Ei bebrütet wird. Die passende konstante Temperatur sowie Luftfeuchtigkeit sind Voraussetzung für die Entstehung und Entwicklung eines Kükens. Stimmen diese Bedingungen, entwickelt sich das Küken sehr schnell. Bereits am dritten Tag nach der Befruchtung schlägt sein Herz. Am achten Tag sind alle Körperpartien ausgebildet und die Federbildung beginnt. Die Brut dauert in der Regel 20 bis 21 Tage. Dann schlüpfen die Küken. Nach dem Schlüpfen benötigen die kleinen Hühnchen erst einmal eine Ruhepause. Das Durchbrechen der Eischale ist schließlich keine leichte Aufgabe.

Doch die feuchten, kleinen Wesen sind dennoch sehr zügig auf den Beinen. Binnen weniger Stunden wird aus dem zunächst „zerknautscht" aussehenden Hühnerbaby ein flauschiges, kleines Federbällchen, das laufen und picken kann.

Hühnerküken sind einfach goldig – und sehr schnell groß.

Die Glucke kümmert sich liebevoll und sehr aufmerksam um ihre Kleinen.

Mama macht das schon

Eine brütende Glucke sitzt fast permanent auf ihrem Gelege. Nur zwei Mal täglich verlässt sie ihren Platz, um eine größere Menge Kot abzusetzen. Da brütende Tiere ohnehin wenig Raum benötigen, dafür aber umso mehr Ruhe, sollte eine werdende Mutter mit ihrem Gelege vom Rest der Gruppe separiert werden. Reinheit ist auch hier sehr wichtig. Der Hühnerkot sollte direkt nach dem Absetzen entfernt werden, damit die Glucke keinen Schmutz ins Nest trägt.

Auch eine passende Fütterung ist sehr wichtig, denn das permanente Wärmen des Geleges kostet eine Menge Energie. Eine Power-Mischung aus Körnern, geraspelten Karotten und etwas Quark ist ideal.

Der ständige Zugang zu frischem Wasser ist natürlich hier ebenfalls äußerst wichtig. Die Fütterung von Legemehl ist in dieser Zeit keine gute Idee, ansonsten kann es passieren, dass die Glucke weitere Eier legt und deshalb das Nest verlässt.

Gesunde, kleine Flauschebälle sind schlichtweg herzerweichend niedlich zu beobachten.

Auch nach dem Schlüpfen der Küken wird sich die Glucke liebevoll um ihren Nachwuchs kümmern. Die Küken werden unter ihrem Gefieder gewärmt, kuscheln sich zwischen ihre Flügel und sind bei den Ausflügen aus dem Nest unter ständiger Beobachtung. Außerdem kommunizieren Mutter und Nachwuchs sehr viel. Das beginnt schon, während die Küken im Ei sind. Das sanfte „Plappern" der Glucke und die hohen, leisen Laute der Küken sind wirklich herzerweichend anzuhören.

Küken, die die Augen zusammenkneifen, haben oft die Wasserstelle nicht gefunden. Helfen Sie dem Kleinen, indem Sie es dorthin setzen und seinen Schnabel mehrmals vorsichtig in die Tränke führen.

Flugs auf in die neue Welt

Küken können zwar picken, sobald sie auf den Beinen stehen, allerdings benötigen sie für ein gesundes Wachstum spezielles Futter. Zu Beginn ist eine Mischung aus Haferflocken und Getreidegrütze eine ideale Lösung. Nach etwa drei Tagen können fein geschnittene Eier und kleingehackte Brennnesseln dazugegeben werden. Im Fachhandel erhalten Sie Küken-alleinfutter, das Sie in etwa ab der ersten Woche in Maßen untermischen und dessen Beigabe Sie dann stetig steigern können. In der ersten Lebenswoche können Sie den Winzlingen statt Wasser kühlen Kamillentee anbieten. Das kommt ihrem noch empfindlichen Verdauungs-trakt entgegen und verhindert Durchfall. Natürlich sollten auch Küken auf ihre Fitness kontrolliert werden. Ein gesundes Küken ist rundum sauber, hat klare Augen, ist lebhaft und aufmerksam.

Ganz schnell werden Sie sich leicht „zerfleddert" wirkenden Zweibeinern gegenübersehen, die ihr normales Gefieder ansetzen. Binnen weni-ger Wochen werden sich diese Mini-„Punks" zu Junghühnern entwickeln, die zwar etwas schmaler und zierlicher als die gänzlich aus-gewachsenen Tiere, jedoch völlig unabhängig von ihrer Mutter sind.
Wenn Sie Küken haben möchten, sollten Sie deshalb im Vorfeld klären, was Sie mit den ausgewachsenen Tieren tun möchten. Genügt die Stallgröße für diesen Zugang? Bauen Sie an? Verschenken Sie die Tiere an andere Hüh-nerhalter? Nicht zu vergessen ist bei diesen Kalkulationen, dass das Geschlechterverhältnis des Geleges eins zu eins ist. Sie können also genauso viele Hähne wie Hennen erwarten.

Register

A
Abstammung 12
Angriffslust 103
Auswahl der Hühner 24

B
Bauvorschriften 91
Beringung 93
Beschäftigung 51, 84

C
Charakter 14

E
Eier 76
Eier, Frischetest 81
Eier, Güte 80
Eier, Lagerung 81
Eier, Legen 79
Eier, Verschenkideen 82
Eierpicken 102
Einstreu 43, 46, 74
Einzäunung 49
Ernährung 56

F
Fähigkeiten 14
Federpicken 102
Feinde 40
Freilauf 49
Futter, Alleinfuttermittel
56, 63
Futter, Ergänzungsfutter
61

Futter, Grundfutter 56
Fütterung 56
Fütterung, Tränken 67f.
Fütterung, Tröge und Näpfe
66
Fütterung, Wasser 68

G
Geschichte 12
Gesundheit 90
Gruppenzusammensetzung
11, 30

H
Hahn 30
Haltung mehrerer Rassen
30
Haltungsbedingungen 8,
91
Hierarchie 11

I
Integration neuer Tiere 93

K
Kinder 21
Krankheiten 95
Küchenabfälle 62
Küken 104

L
Legehennen 27
Legenot 99

Legerassen 12
Legeverhalten, Beein-
flussung 27, 63

M
Mist, Entsorgung 74

N
Nachbarn 8
Nachwuchs 104

P
Parasiten 95

R
Rassenvielfalt 12, 24
Räuber 40
Rechtliches 8, 91

S
Sandbad 51
Schlachtung 28, 100
Sinne 14
Sinne, Gehör 14
Sinne, Geruch 16
Sinne, Geschmack 16
Sinne, Sehen 14
Sinne, Tastsinn 16
Stall 34
Stall, Belüftung 42
Stall, Einzug 85
Stall, Fenster 38, 45
Stall, Gestaltung 34, 52

Stall, Inneneinrichtung 46
Stall, Konstruktion 52
Stall, Legenester 48, 79
Stall, Scharrbereich 37, 51
Stall, Schlafbereich 47, 72
Stall, Türen 45
Stallbau 34, 52
Stallpflege 69
Stallpflege, Desinfektion 73
Stallpflege, Utensilien 70

T
Tierschutz-Vorschriften 37, 91
Transport 93

U
Urlaubsvertretung 18

V
Verantwortung 18, 94
Verhalten 11, 14, 102
Verletzungen 99
Versorgung 54
Voraussetzungen 8, 18, 37, 91
Vorsorge 94

Z
Zutraulichkeit 21, 84
Zwerghühner 24

Service

Bildquellen

Titelbild: istockphoto/George Clerk
Dr. Eva-MariaGötz: Umschlag hintere Klappe innen
    (12)
Frank Hecker: Seite 40 (2), 41 oben
Regina Kuhn: Seite 35, 64, 104
Reinhard Tierfoto: Seite 105
Gerald Reiner: Seite 77
Alle anderen Bilder stammen von Moris Lauinger
Illustrationen: Anne Gomringer

Literatur

Bauer, Wilhelm (2007): Zwerghühner, Verlag Eugen
    Ulmer, Stuttgart.
Bauer, Wilhelm (2008): Hühnerställe bauen, Verlag
    Eugen Ulmer, Stuttgart.
Peitz, Beate und Leopold (2006): Hühner, 2. Auflage,
    Verlag Eugen Ulmer, Stuttgart.

Den passenden Zweibeiner finden

Die regionalen Kleintierzuchtverbände sind eine ideale Anlaufstelle. Hier finden Sie Züchter, von denen Sie gesunde und zu Ihren Ansprüchen passende Hühner bekommen. Außerdem können Ihnen die kompetenten Ansprechpartner alle Fragen zu speziellen Rassen beantworten sowie wertvolle Tipps geben. Besuchen Sie doch eine der zahlreichen Veranstaltungen, auf denen die Züchter mit ihren Tieren vertreten sind. Oder wenden Sie sich direkt an die Fachleute. Adressen und Kontaktdaten finden Sie über den Bund Deutscher Rassegeflügelzüchter e.V.:

BDRG Bundesgeschäftsstelle
Erlebbruchstraße 20
63071 Offenbach am Main
Telefon: 0 69 / 87 87 67 54
E-Mail: info@bdrg.de
Homepage: www.bdrg.de

Danksagung

Die Autorin dankt Familie Stier für die wunderbare Zusammenarbeit und das positive wie inspirierende Entgegenkommen sowie Moris Lauinger für die großartige fotografische Begleitung. Herzlichen Dank auch an Eva-Maria Götz für die Zusammenarbeit vonseiten des Verlages bei diesem tollen Projekt.

Haftung

Die in diesem Buch enthaltenen Empfehlungen und
Angaben sind von den Autoren mit größter Sorgfalt
zusammengestellt und geprüft worden. Eine Garan-
tie für die Richtigkeit der Angaben kann aber nicht
gegeben werden. Autor und Verlag übernehmen
keinerlei Haftung für Schäden und Unfälle. Der
Verlag Eugen Ulmer ist nicht verantwortlich für die
Inhalte der im Buch genannten Websites.

Impressum

**Bibliografische Information
der Deutschen Bibliothek**

Die Deutsche Bibliothek verzeichnet diese
Publikation in der Deutschen Nationalbibliothek;
detaillierte bibliographische Daten sind im Internet
über http:/dnb.ddb.de abrufbar.

© 2012 Eugen Ulmer GmbH & Co.
Wollgrasweg 41, 70599 Stuttgart (Hohenheim)
Internet: www.ulmer.de
Lektorat: Dr. Eva-Maria Götz
Herstellung: Ulla Stammel
Umschlagentwurf: Atelier Reichert, Stuttgart
Layout und Satz: Rot-Stich Grafikdesign
Nicole Schwerdtfeger, Kiel
Druck und Bindung: Westermann Druck Zwickau
GmbH, Zwickau
Printed in Germany

ISBN 3-8001-7741-7

Auf's Huhn gekommen!

- **Wichtige Rassen**
- **Tiergerechte Haltung**
- **Gesundheitsvorsorge**

Eine kleine Herde Hühner bringt ein Stück Landleben in den heimischen Garten, Freude an den Tieren und praktischen Nutzen. Dieses Buch bietet Ihnen das nötige Fachwissen zur Haltung von Hühnern. Sie erfahren mehr über körperliche Eigenheiten und das Verhalten von Hühnern, geeignete Rassen, Stall und Auslauf, Fütterung, Pflege, Brut, Aufzucht, das Schlachten und die Verwertung von Fleisch und Eiern.

Hühner halten. Beate Peitz, Leopold Peitz.
8. Auflage 2012. 176 S., 46 Farbf., 46 Zeichn., geb.
ISBN 978-3-8001-7791-2

- **Farb- und Zeichnungsmuster**
- **Gewichte, Ringgrößen und Nutzungs-eigenschaften**
- **Je Rasse ein Foto von Hahn und Henne**

Dieses Buch ist eine wertvolle Hilfe zur Orientierung über Hühnerrassen, die jahrhundertelang in menschlicher Obhut gezüchtet und veredelt worden sind. Porträts mit je einem Foto von Hahn und Henne informieren über alle wichtigen charakteristischen Eigenschaften, die Zuchtgeschichte, Rassemerkmale und Nutzung von 182 Hühnerrassen.

Taschenatlas Hühner und Zwerghühner.
182 Rassen für Garten, Haus, Hof und Ausstellung.
Horst Schmidt, Rudi Proll. 2. Auflage 2010, 192 S.,
366 Farbf., kart. ISBN 978-3-8001-6418-9

 **Ganz nah dran.**